云南大学无线创新实验室丛书

超材料与变换科学

黄　铭　李廷华　杨晶晶　著

U0213503

科学出版社

北　京

内 容 简 介

　　物理学是研究物质、能量及其相互作用的科学。它不仅是信息、能源、生命和化学等相关学科的基础，同时还是许多新兴学科和交叉学科的前沿。众所周知，物质的运动规律由描述其运动的方程、物理参数、初始条件和边界条件决定。20 世纪初，科学家发现如果运动方程中材料的物理参数改变，取天然材料所不具备的特殊值，物质的运动规律将发生奇异变化；如果材料的物理参数根据变换科学的思想取任意值，人们几乎可以任意控制物质的运动规律。本书是对这一物理学新领域的科学总结。

　　本书适用于高等院校电子工程、通信工程和物理系的高年级理工科学生、研究生和教师，也可供从事材料科学、电磁场理论与微波技术等相关专业的科研及工程技术人员阅读参考。

图书在版编目 (CIP) 数据

超材料与变换科学 / 黄铭, 李廷华, 杨晶晶著. —北京：科学出版社，2016.2
（云南大学无线创新实验室丛书）
ISBN 978-7-03-047161-1

Ⅰ. ①超…　Ⅱ. ①黄…　②李…　③杨…　Ⅲ. ①复合材料－研究　Ⅳ. ①TB33

中国版本图书馆 CIP 数据核字 (2016) 第 013581 号

责任编辑：潘斯斯 / 责任校对：郭瑞芝
责任印制：霍　兵 / 封面设计：迷底书装

科学出版社 出版
北京东黄城根北街 16 号
邮政编码：100717
http://www.sciencep.com

北京凌奇印刷有限责任公司 印刷
科学出版社发行　各地新华书店经销
*
2016 年 2 月第　一　版　　开本：720×1000　1/16
2016 年 2 月第一次印刷　　印张：9 1/2
字数：191 000
POD定价：78.00元
（如有印装质量问题，我社负责调换）

前　　言

　　超材料(Metamaterials)是一种材料等效物理参数可取正、零、负、无穷小或者无穷大的人工复合材料，它具有许多奇异的物理特性。例如，电磁超材料的等效介电常数 ε 和/或磁导率 μ 可取任意值，与电磁波相互作用时会出现负相速、负折射、完美成像、逆 Doppler 效应和逆 Cerenkov 辐射等新奇物理现象。

　　1999 年，英国物理学家 Pendry 等相继提出了用周期性排列的金属杠和开口谐振环在微波频段分别实现负等效介电常数和负等效磁导率的理论和方法。随后，2001年第一块等效介电常数和磁导率同时为负的人造超材料(左手材料)被实验证实。2003年，左手材料的发现被美国 *Science* 杂志评为十大科技突破之一。2006 年，基于变换电磁学实现电磁波隐身又再次被美国 *Science* 杂志评为年度十大科技突破之一。2007年，世界上著名期刊出版公司 Elsevier 发行新期刊 *Metamaterials*。2008 年，著名杂志 *Materials Today* 将超材料与半导体一起评选为过去 50 年材料科学领域的十大进展之一。2010 年，*Science* 杂志又将超材料列为过去十年的十大科学突破之一。可以预见，电磁超材料理论和技术的发展将引发电子信息技术的一场革命。

　　电磁超材料作为一种人工电磁材料，具有许多独特的性能。经过十几年国内外众多科研工作者的努力，已经取得了许多令人振奋的研究成果，并广泛应用于天线、微波电路、电磁斗篷的设计，以及黑洞等天文现象的模拟中。尤其是变换光学(Transformation Optics)的出现，开启了用超材料任意控制电磁波的大门，是电磁学和广义相对论相结合的产物。变换光学又称变换电磁学，变换电磁学出现不久，变换声学、变换热力学等学科分支相继出现。为了便于归纳和总结，我们将用变换科学这一名称来描述根据器件功能导出变换函数和材料参数，并用超材料制造该器件的理论、方法和技术。作为国内出版的系统介绍超材料与变换科学的著作，应包含较全面的内容，同时反映这一新领域的研究现状和前沿课题。但限于篇幅和作者水平，本书仅介绍超材料与变换科学的基本理论及部分典型应用。

　　书中的研究工作和本书的出版得到了国家自然科学基金项目(60861002、61161007、61261002、61461052、11564044)、高等学校博士学科点专项科研基金(20125301120009、20135301110003)、中国博士后基金(2013M531989、2014T70890)、云南省自然科学基金及重点项目(2011FB018、2013FA006、2015FA015)、昆明市谱传感与无线电监测重点实验室、云南省高校谱传感与边疆无线电安全重点实验室和云南省叶声华院士工作站的支持，在此一并表示感谢。

作　者

2015 年 11 月

目　　录

第1章 超材料与变换科学研究背景及现状

1.1 超材料研究背景及现状

超材料是一种材料等效物理参数可为正、零、负、无穷小或者无穷大的人工复合材料，它具有许多奇异的性质，是研究新物理现象和研制新器件的基础。下面几篇论文对超材料的研究和发展有重要影响。

(1) 1968 年，苏联科学家 Veselago 研究了介电常数和磁导率同时为负值的各向同性左手材料中电磁波的传输特性，预测了一系列不同寻常的物理现象[1]，以及后来相继发现的负相速度、负折射率、逆 Doppler 效应和逆 Cerenkov 辐射等奇异物理现象。

(2) 1996~2001 年，Pendry 等相继构造出了由周期排列的细金属杠 (Rod) 阵列和开口谐振环 (Split-Ring Resonator，SRR) 组成的人造媒质，其等效介电常数和等效磁导率在微波频段分别为负值[2-4]；2000 年，Pendry[5]指出等效介电常数和等效磁导率同时为−1 的左手材料平板能使点源完美成像，实现完美透镜；2001 年，Shelby 等[6]成功制备了 X 频段等效介电常数和等效磁导率同时等于负值的左手材料，并通过实验证明了电磁波斜入射到左手材料和常规材料的分界面时，折射波的方向与入射波的方向处在分界面法线的同侧；2003 年，左手材料的发现被美国 *Science* 杂志评为十大科技突破之一；2002 年，Eleftheriades 等[7]提出了一种基于周期性 LC 网络制备左手材料的方法，该方法因可以采用集总参数电路实现而得到广泛应用。

(3) 2007 年，世界上著名期刊出版公司 Elsevier 发行了新期刊 *Metamaterials*，至此超材料学科诞生；2008 年，著名杂志 *Materials Today* 将超材料与半导体一起评选为过去 50 年材料科学领域的十大进展之一；2010 年，*Science* 杂志又将超材料列为过去十年的十大科学突破之一。最近，超表面 (Metasurface) 作为一种二维超材料[8-11]，因其制备方便有望在超材料应用方面取得突破，并在此基础上促进超材料理论和技术的发展。

在超材料领域，国内学者做了大量工作，一些研究方向与国外基本处于同一水平。同时，国内已出版了几部涉及超材料的专著[12, 13]，这些工作促进了国内超材料研究的普及。虽然超材料作为研究的热点引起了科学界的极大关注，但是与其有关的标志性应用成果缺乏是超材料研究必须面对的现实问题。

1.2　变换科学研究背景及现状

2006 年，Pendry 等[14]在美国 *Science* 杂志发表论文指出：Maxwell 方程经坐标变换后具有形式不变性，并以电磁斗篷为例，根据器件功能找到了变换函数，导出材料介电常数和磁导率的表达式，证实了电磁斗篷的隐身特性。稍后，Schurig 等[15]在相同杂志上发表论文，实验证实了在微波频段电磁斗篷的隐形效应。同年，基于变换光学实现电磁波隐身被美国 *Science* 杂志评为年度十大科技突破之一，并从此掀起了变换电磁学研究的热潮。有趣的是，Leonhardt 等[16]以"电子工程中的广义相对论"为题，介绍了基于坐标变换设计电子器件的方法，促进了变换电磁学研究工作的普及。对变换电磁学发展有重要影响的论文如下。

(1) 2006 年，Pendry、Schurig 和 Leonhardt 等的论文[14,15, 17]，这些论文开辟了变换电磁学新领域。

(2) 几篇重要的综述性论文[18, 19]和创新性非常强的研究性论文[20-23]，这些论文扩展了变换电磁学的研究领域。

(3) 几篇重要的研究性论文[24-29]，这些论文将变换电磁学扩展到变换声学、变换热学及其他领域中，扩大了学科影响力和研究范围，并促进了本书的撰写和出版。

与超材料的研究工作类似，缺乏标志性应用成果是变换科学必须面对的现实问题。超材料与变换科学的研究具有重要意义，它不仅改变了人们研究物理问题和设计器件的世界观，而且具有实际应用价值。阿基米德说"给我一个支点，我将撬动整个地球"。类似地，我们可以说"给我可变参数的材料，我将可以改变世界"。即如果采用变换科学思想设计器件，并用超材料来实现，将有助于"发现许多奇异的物理现象，设计制造具有任意功能的器件"。我们相信，随着超材料与变换科学研究的深入，大量标志性应用成果即将出现。

1.3　本书内容及安排

全书共 8 章，第 1 章介绍超材料与变换科学研究背景及现状，书中用较少的篇幅介绍了研究背景，希望读者通过阅读本书列出的文献尽快熟悉研究现状；第 2 章介绍物理基本方程，便于读者复习物理学的基本内容，为阅读后述章节奠定基础；第 3 章介绍超材料与变换科学基础，包括等效媒质理论和物理方程的形式不变性理论，这是本书的核心和基础；第 4 章介绍变换电磁学及其应用，包括电磁斗篷、集中器、透明体、幻影装置及其他电磁器件的设计；第 5 章介绍变换声学及其应用，包括封闭式声斗篷、声外斗篷、声集中器和其他典型超材料声器件的设计；第 6 章介绍变换热力学及其应用，主要探讨封闭式热斗篷、热集中器、热外斗篷、热开斗篷等典型超材料热器件的设计方法；第 7 章介绍变换科学在静电学、静磁学、等离子体、弹性力学、物质波及物质扩散领域中的应用；第 8 章介绍超材料与变换科学实验，研究内容包括基于 SRR 的封闭式电磁斗篷、基于 TL 的封闭式电磁斗篷、开腔谐振器、封闭式声斗篷和封闭式热斗篷。

参 考 文 献

[1] Veselago V G. The electrodynamics of substances with simultaneously negative values of ε and μ [J]. Sov. Phys. Usp., 1968, 10: 509-514.

[2] Pendry J B, Holden A J, Stewart W J, et al. Extremely low frequency plasmons in metallic microstructures [J]. Phys. Rev. Lett., 1996, 76: 4773.

[3] Pendry J B, Holden A J, Robbins D J, et al. Low frequency plasmons in thin-wire structures [J]. J. Phys.: Condens. Matter., 1998, 10: 4785-4809.

[4] Pendry J B, Holden A J, Robbins D J, et al. Magnetism from conductors and enhanced nonlinear phenomena [J]. IEEE Transactions on Microwave Theory and Techniques, 1999, 47(11): 2075-2084.

[5] Pendry J B. Negative refraction makes a perfect lens [J]. Phys. Rev. Lett., 2000, 85(18): 3966-3969.

[6] Shelby R A, Smith D R, Schultz S. Experimental verification of a negative index of refraction [J]. Science, 2001, 292(5514): 77-79.

[7] Eleftheriades G V, Iyer A K, Kremer P C. Planarnegative refractive index media using periodically L-C loaded transmission lines [J]. IEEE Transactions on Microwave Theory and Techniques, 2002, 50(12): 2702-2712.

[8] Kildishev A V, Boltasseva A, Shalaev V M. Planar photonics with metasurfaces [J]. Science, 2013, 339(6125): 1232009.

[9] Yu N F, Capasso F. Flat optics with designer metasurfaces [J]. Nature Materials, 2014, 13: 139-150.

[10] Lin D M, Fan P Y, Hasman E, et al. Dielectric gradient metasurface optical elements [J]. Science, 2014, 345(6194): 298-302.

[11] High A A, Devlin R C, Dibos A, et al. Visible-frequency hyperbolic metasurface [J]. Nature, 2015, 522:192-196.

[12] 崔万照, 马伟, 邱乐德, 等. 电磁超介质及其应用 [M]. 北京: 国防工业出版社, 2008.

[13] 李芳, 李超. 微波异向介质平面电路实现及应用 [M]. 北京: 电子工业出版社, 2011.

[14] Pendry J B, Schurig D, Smith D R. Controlling electromagnetic fields [J]. Science, 2006, 312(5781): 1780-1782.

[15] Schurig D, Mock J J, Justice B J, et al. Metamaterial electromagnetic cloak at microwave frequencies [J]. Science, 2006, 314(5801): 977-980.

[16] Leonhardt U, Philbin T G. General relativity in electrical engineering [J]. New. J. Phys., 2006, 8: 247.

[17] Leonhardt U, Tyc T. Broadband invisibility by non-euclidean cloaking [J]. Science, 2009, 323(5910): 110-112.

[18] Chen H Y, Chan C T, Sheng P. Transformation optics and metamaterials [J]. Nature Materials, 2010, 9: 387-396.

[19] Pendry J B, Luo Y, Zhao R K. Transforming the optical landscape [J]. Science, 2015, 348(6234):

521-524.

[20] Liu R, Ji C, Mock J J, et al. Broadband ground-plane cloak [J]. Science, 2009, 323(5912): 366-369.

[21] Ergin T, Stenger N, Brenner P, et al. Three-dimensional invisibility cloak at optical wavelengths [J]. Science, 2010, 328(5976): 337-339.

[22] Vakil A, Engheta N. Transformation optics using grapheme [J]. Science, 2011, 332(6035): 1291-1294.

[23] Ni X J, Wong Z J, Mrejen M, et al. An ultrathin invisibility skin cloak for visible light [J]. Science, 2015, 349(6254): 1310-1314.

[24] Sun F, He S L. Transformation magneto-statics and illusions for magnets [J]. Sci. Rep., 2014, 4: 6593.

[25] Chen H Y, Chan C T. Acoustic cloaking in three dimensions using acoustic metamaterials [J]. Appl. Phys. Lett., 2007, 91: 183518.

[26] Guenneau S, Amra C, Veynante D. Transformation thermodynamics: Cloaking and concentrating heat flux [J]. Opt. Express, 2012, 20(7): 8207-8218.

[27] Milton G W, Briane M, Willis J R. On cloaking for elasticity and physical equations with a transformation invariant form [J]. New J. Phys., 2006, 8: 248.

[28] Zhang S, Genov D A, Sun C, et al. Cloaking of matter waves [J]. Phys. Rev. Lett., 2008, 100: 123002.

[29] Zeng L W, Song R X. Controlling chloride ions diffusion in concrete [J]. Sci. Rep., 2013, 3: 3359.

第2章　物理基本方程

物质的运动规律由描述其运动的方程、初始条件、边界条件和材料的物理参数决定，物理方程是研究物质运动的基础。下面分别介绍 Maxwell 方程、声学方程、热力学方程、弹性力学方程、Schrödinger 方程和扩散方程，为学习和掌握第 3 章奠定基础。

2.1　Maxwell 方程

众所周知，Maxwell 方程是电磁学和光学的基础，Maxwell 方程的微分形式可表示为[1]

$$\nabla \times E = -\partial B / \partial t \tag{2-1a}$$

$$\nabla \times H = J + \partial D / \partial t \tag{2-1b}$$

$$\nabla \cdot D = \rho \tag{2-1c}$$

$$\nabla \cdot B = 0 \tag{2-1d}$$

式中，E、D、B、H、J 和 ρ 分别表示电场强度、电位移矢量、磁感应强度、磁场强度、电流密度和电荷密度，且 $D = \varepsilon E$、$B = \mu H$ 和 $J = \sigma E$。分别用 E 点乘式(2-1b)、H 点乘式(2-1a)，将它们相减，并利用矢量恒等式可得[2]

$$-\nabla \cdot (E \times H) = E \cdot J + \partial (0.5H \cdot B + 0.5E \cdot D) / \partial t \tag{2-2}$$

该方程表明电磁波是能量，且能流密度矢量为 $S = E \times H$。

引入物理量 A，$B = \nabla \times A$，利用 Maxwell 方程进行上述类似的变换得达朗贝尔方程：

$$\nabla^2 A - \mu \varepsilon (\partial^2 A / \partial t^2) = -\mu J \tag{2-3}$$

该方程表明电磁场是波，即电磁波，且波是由时变电流产生的。因此，电磁波是一种辐射的能量，有广泛的应用。在无源空间中，$J = 0$、$\rho = 0$，Maxwell 旋度方程如下：

$$\nabla \times E = -\partial B / \partial t \tag{2-4a}$$

$$\nabla \times H = \partial D / \partial t \tag{2-4b}$$

无源空间中的时谐场满足波动方程 $\nabla^2 E + k^2 E = 0$，其中 $k = \omega \sqrt{\varepsilon \mu}$。波动方程在自由空间中传播的最简单模式为平面波，假设电场在 x 方向，波沿 z 方向传播，则有

$$E_x = E_{x0} \cos(\omega t - kz) \tag{2-5}$$

这表明空间中传播的波是时间和空间的函数，因此电磁现象比较复杂，求解电磁问题必须解偏微分方程。如果传播方向为 r，点源激励的传播模式为球面波，复数形式的时谐解为

$$E = E_0 \mathrm{e}^{\mathrm{j}(\omega t - kr)} \tag{2-6}$$

电磁波广泛用于通信、输能、传感和加热，这些应用的基础都是 Maxwell 方程。

2.2 声 学 方 程

声波是声音的传播形式，是一种机械波，由物体(声源)振动产生，声波传播的空间就称为声场。在气体和液体介质中传播时是一种纵波，但在固体介质中传播时可能混有横波。声波在损耗媒质中的传播方程可表示为[3]

$$(\partial^2 p / \partial t^2) / \kappa - (\partial p / \partial t) d + \nabla \cdot [-(\nabla p - q)/\rho] = Q \tag{2-7}$$

式中，$\kappa = \rho c^2$ (Pa) 为体积模量，ρ（$\mathrm{kg/m^3}$）为密度，c (m/s) 为声速，p (Pa) 为声压，d 为阻尼系数，q（$\mathrm{N/m^3}$）为偶极子源，Q（$\mathrm{1/s^2}$）为单极子源，括号内是该物理量的单位。当声波在无损耗媒质中传播时，阻尼系数为零（$d = 0$），则此种情况对应的声波方程为

$$(\partial^2 p / \partial t^2) / \kappa + \nabla \cdot [-(\nabla p - q)/\rho] = Q \tag{2-8}$$

对于时谐波，p 随时间因子变化，即 $p(x,t) = p(x)\mathrm{e}^{\mathrm{j}\omega t}$，其中 $\omega = 2\pi f$ 为角频率，f 为频率。若源项具有相同的谐波时间依赖性，即 $\partial^2 / \partial t^2 \to -\omega^2$，则声波方程可进一步简化为非均匀的 Helmholtz 方程：

$$-\omega^2 p / \kappa + \nabla \cdot [-(\nabla p - q)/\rho] = Q \tag{2-9}$$

对于无源空间，$q = 0$ 且 $Q = 0$，此时声波方程有如下形式[4,5]：

$$\nabla \cdot [\nabla p / \rho] = -\omega^2 p / \kappa \tag{2-10}$$

2.3 热力学方程

热传导是介质内无宏观运动时的传热现象，其在固体、液体和气体中均可发生，但严格而言，只有在固体中才是纯粹的热传导，而流体即使处于静止状态，其中也会由温度梯度所造成的密度差而产生自然对流。因此，在流体中热对流与热传导同时发生。热传导实质是物质中大量的分子热运动互相撞击，而使能量从物体的高温部分传至低温部分，或由高温物体传给低温物体的过程。流体中热传导方程为[3]

$$\rho C_p (\partial T / \partial t) + \nabla \cdot (-\kappa \nabla T) = Q + qT - \rho C_p \boldsymbol{u} \cdot \nabla T + \tau : \boldsymbol{S} + \nu \tag{2-11}$$

式中，ρ（$\mathrm{kg/m^3}$）为密度，C_p [$\mathrm{J/(kg \cdot K)}$] 为比热容，T (K) 为热力学温度，κ [$\mathrm{W/(m \cdot K)}$] 为热导率，Q（$\mathrm{W/m^3}$）为恒温热源，q（$\mathrm{W/m^2}$）为传导的热通量，$\boldsymbol{u}$ (m/s) 为速度向量，τ (Pa) 为黏性应力张量，$\boldsymbol{S} = [\nabla \boldsymbol{u} + (\nabla \boldsymbol{u})^{\mathrm{T}}]/2$ 为应变率张量，$\nu = (T/\rho)(\partial \rho / \partial T)_p (\partial p / \partial t + \boldsymbol{u} \cdot \nabla p)$ 表示压力(绝热压缩)及热声效应的加热作用，p (Pa) 为压力，括号内是该物理量对应的单位。方程右边的 $\tau : \boldsymbol{S}$ 表示流体的黏滞加热作用，符号 "：" 是双重乘积求和运算的简写，具体形式为

$$\tau : S = \sum_n \sum_m \tau_{nm} S_{nm} \tag{2-12}$$

通常与热源相比，黏滞加热、压力和热声效应的影响很小，可以忽略，此时热传导方程简化为

$$\rho C_p (\partial T / \partial t) + \nabla \cdot (-\kappa \nabla T) = Q - \rho C_p \boldsymbol{u} \cdot \nabla T \tag{2-13}$$

在固体中，$\boldsymbol{u} = 0$，此时的热传导方程为[6]

$$\rho C_p (\partial T / \partial t) + \nabla \cdot (-\kappa \nabla T) = Q \tag{2-14}$$

特别地，稳态条件下，无源空间中固体的热传导方程为[7]

$$\nabla \cdot (-\kappa \nabla T) = 0 \tag{2-15}$$

2.4 弹性力学方程

弹性力学是固体力学的重要分支，它研究弹性物体在外力和其他外界因素作用下产生的变形和内力，也称为弹性理论。它是材料力学、结构力学、塑性力学和某些交叉学科的基础，广泛应用于建筑、机械、化工、航天等工程领域。

时谐弹性波在平面内传播时，受如下纳维方程的约束[3]：

$$\nabla \cdot \mathbb{C} \nabla \boldsymbol{u} + \rho \omega^2 \boldsymbol{u} + b = 0 \tag{2-16}$$

式中，$\mathbb{C}$ 是四阶弹性张量，$\boldsymbol{u}(x,y,z,t) = \boldsymbol{u}(x,y,z) \mathrm{e}^{-\mathrm{j}\omega t}$ 是位移矢量，ρ (kg/m³) 为弹性媒质的密度，ω (rad/s) 为弹性波角频率，$b(x,t) = b(x) \mathrm{e}^{\mathrm{j}\omega t}$ 表示简谐体积力的空间分布。对于无体积力影响的情况，弹性力学波动方程可简化为[8, 9]

$$\nabla \cdot \mathbb{C} \nabla \boldsymbol{u} = -\rho \omega^2 \boldsymbol{u} \tag{2-17}$$

2.5 Schrödinger 方程

Maxwell 方程描述了带电粒子运动产生电流，时变电流激励时变磁场，时变磁场感应时变电场，时变电磁场相互转换产生电磁波，是解决所有宏观电磁问题的理论基础。而在描述物质属性和微观结构上，只能依靠量子力学。在量子力学中，物质波(或德布罗意波)和波粒二象性是重要的概念，德布罗意给出了它们之间的定量关系：

$$E = h\nu = h\omega \tag{2-18}$$

$$\boldsymbol{P} = h\boldsymbol{n} / \lambda = h\boldsymbol{k} \tag{2-19}$$

式中，$h = h / 2\pi$，$\omega = 2\pi\nu$，h 是普朗克常量，$\boldsymbol{n}$ 是沿粒子运动方向的单位矢量，$\boldsymbol{k} = 2\pi\boldsymbol{n} / \lambda$ 为波矢，E 是粒子的能量，$\boldsymbol{P}$ 是动量。

不同于非相对论自由粒子能量和动量之间的平方关系 $E = P^2 / 2m$，德布罗意要求 $E = h\nu = hf = hc / \lambda = cP$，即能量和动量之间是线性关系。因此，类经典波动方程可得

Schrödinger 方程[10]：

$$ih(\partial \psi(\boldsymbol{r},t)/\partial t) = -(h^2/2)\nabla \cdot (\hat{m}^{*-1}\nabla \psi(\boldsymbol{r},t)) + V\psi(\boldsymbol{r},t) \tag{2-20}$$

式中，i 为虚数单位，$\psi(\boldsymbol{r},t)$ 为波函数，$\hat{m}^{*-1} = m_0\hat{m}$ 为粒子有效质量，m_0 是粒子在自由空间的质量，V 为粒子所在势场的势函数。特别地，当势函数 V 与时间无关时，即粒子具有确定的能量时，粒子的状态称为定态，此时波函数 $\psi(\boldsymbol{r})$ 满足定态薛定谔方程[11]：

$$-(h^2/2)\nabla \cdot (\hat{m}^{*-1}\nabla \psi) + V\psi = E\psi \tag{2-21}$$

式中，E 为粒子的总能量。Schrödinger 方程是量子力学的基础。

2.6 扩 散 方 程

扩散是物质分子从高浓度区向低浓度区的转移，直到均匀分布的现象。扩散的速率与物质的浓度梯度成正比。在不考虑对流的情况下，物质的扩散方程通常可表示为[3]

$$\partial C/\partial t + \nabla \cdot (-D\nabla C) = R \tag{2-22}$$

式中，C (mol/m^3) 为浓度，D (m^2/s) 为扩散系数，R 为反应速率。特别地，当 $R = 0$ 时，式 (2-22) 可进一步简化为[12]

$$\partial C/\partial t = \nabla \cdot (D\nabla C) \tag{2-23}$$

参 考 文 献

[1] Jackson J D. Classical Electromagnetics [M]. New York: Wiley, 1975.

[2] 谢处方，饶克谨. 电磁场与电磁波 [M]. 北京: 高等教育出版社, 2006.

[3] URL: http://cn.comsol.com/. comsol 帮助文档.

[4] Chen H Y, Chan C T. Acoustic cloaking in three dimensions using acoustic metamaterials [J]. Appl. Phys. Lett., 2007, 91: 183518.

[5] Chen H Y, Chan C T. Acoustic cloaking and transformation acoustics [J]. J. Phys. D: Appl. Phys., 2010, 43: 113001.

[6] Guenneau S, Amra C, Veynante D.Transformation thermodynamics: cloaking and concentrating heat flux [J]. Opt. Express, 2012, 20(7): 8207-8218.

[7] Han T C, Yuan T, Li B W, et al. Homogeneous thermal cloak with constant conductivity and tunable heat localization [J]. Sci. Rep., 2013, 3: 1593.

[8] Milton G W, Briane M, Willis J R. On cloaking for elasticity and physical equations with a transformation invariant form [J]. New J. Phys., 2006, 8: 248.

[9] Brun M, Guenneau S, Movchan A B. Achieving control of in-plane elastic waves [J]. Appl. Phys. Lett., 94(6): 061903.

[10] 黄湘友. 完全性量子力学 [M]. 北京: 科学出版社, 2013.

[11] Zhang S, Genov D A, Sun C, et al. Cloaking of matter waves [J]. Phys. Rev. Lett., 2008, 100: 123002.

[12] Zeng L W, Song R X. Controlling chloride ions diffusion in concrete [J]. Sci. Rep., 2013, 3: 3359.

第 3 章　超材料与变换科学基础

研制超材料的基础是等效媒质理论，而发展变换科学依赖于物理方程的形式不变性。下面分别讨论这两个知识点，为用超材料和变换科学解决实际问题奠定基础。

3.1　等效媒质理论

20 世纪初，Bruggeman 提出了等效媒质模型，并给出了著名的 Bruggeman 公式[1, 2]：

$$(1-f)\frac{\varepsilon_2 - \varepsilon_{\text{eff}}}{\varepsilon_2 + 2\varepsilon_{\text{eff}}} + f\frac{\varepsilon_1 - \varepsilon_{\text{eff}}}{\varepsilon_1 + 2\varepsilon_{\text{eff}}} = 0 \tag{3-1}$$

式中，ε_1 和 ε_2 分别为填充相和基底相的介电常数，f 为填充相所占的体积比，ε_{eff} 为异质材料的等效介电常数。1989 年，Sihvola[3]导出了如下通用的方程：

$$\frac{\varepsilon_{\text{eff}} - \varepsilon_2}{\varepsilon_{\text{eff}} + \varepsilon_2 + v(\varepsilon_{\text{eff}} - \varepsilon_2)} = f\frac{\varepsilon_1 - \varepsilon_2}{\varepsilon_1 + \varepsilon_2 + v(\varepsilon_{\text{eff}} - \varepsilon_2)} \tag{3-2}$$

式中，v 为经验常数。当 $v = 0$ 时，式(3-2)等价于 Maxwell-Garnett 公式；当 $v = 1$ 时，等价于 Bruggeman 公式；当 $v = 2$ 时，等价于 CPQ 公式[4]。这些经典公式都是建立在一些假设的基础上的，因此它们并不能适用于描述所有异质材料体系的等效介电常数，详细的论述见参考文献[2]。

上述公式和模型是在物相固定、分布已知的条件下建立的，但在实际问题中人们通常只知道各相的介电常数和体积比，其分布通常是随机和未知的，甚至伴随着物相的改变，非常复杂[5]。当异质材料中填充相和基底相分层并同时垂直和平行于入射场时，等效介电常数对应于 Wiener 的上界和下界：

$$\varepsilon_{\text{eff,max}} = f\varepsilon_1 + (1-f)\varepsilon_2 \tag{3-3}$$

$$\varepsilon_{\text{eff,min}} = \frac{\varepsilon_1\varepsilon_2}{f\varepsilon_1 + (1-f)\varepsilon_2} \tag{3-4}$$

对于周期金属杠(Rod)和开口谐振环(SRR)阵列结构，其等效介电常数和磁导率服从 Drude 模型，计算公式为式(3-5)和式(3-6)[6]：

$$\varepsilon_{\text{eff}} = 1 - \frac{\omega_p^2}{\omega^2 - \omega_0^2 + \mathrm{j}\omega\varepsilon_0 a^2\omega_p^2 / \pi r^2\sigma} \tag{3-5}$$

式中，$\omega_p = \sqrt{2\pi c_0^2 / a^2\ln(a/r)}$，$\omega_0 = \sqrt{LC}$，$a$ 为阵列周期，r 为金属棒半径，σ 为金

属棒电导率，L 和 C 分别为金属棒的等效电感和电容。

$$\mu_{\text{eff}} = 1 - \frac{\omega_{mp}^2 - \omega_0^2}{\omega^2 - \omega_0^2 + \text{j}\varGamma} \qquad (3\text{-}6)$$

式中，$\omega_0 = \sqrt{2dc_0^2 / \pi^2 r^3}$，$\omega_{mp} = \sqrt{(2dc_0^2 / \pi^2 r^3)/(1 - \pi r^2 / a^2)}$，$a$ 为 SRR 的周期，r 为 SRR 的半径，d 为内环间距，$\varGamma$ 为损耗特性。当 $\omega_0 < \omega < \omega_p$ 时，SRR 等效磁导率为负。

上述公式是针对介电常数和磁导率的，对其他物理参数同样可得到类似的等效物理参数公式，等效媒质理论是研究超材料的基础。

3.2　Maxwell 方程形式不变性

在笛卡儿坐标系和无源中，Maxwell 方程的旋度方程表示为

$$\nabla \times E = -(\partial H / \partial t)\mu \qquad (3\text{-}7a)$$

$$\nabla \times H = (\partial E / \partial t)\varepsilon \qquad (3\text{-}7b)$$

对原坐标系进行如下变换：$u = u(x, y, z)$，$v = v(x, y, z)$，$w = w(x, y, z)$。经过坐标变换后，新坐标系下的 Maxwell 方程组为

$$\nabla' \times E' = -(\partial H' / \partial t)\mu' \qquad (3\text{-}8a)$$

$$\nabla \times H' = (\partial E' / \partial t)\varepsilon' \qquad (3\text{-}8b)$$

不难发现，Maxwell 方程组在坐标变换前后的形式保持不变，只是新坐标系下介电常数和磁导率发生了改变，它们被同一个因子放大或缩小，即[7]

$$\varepsilon_u' = (Q_u Q_v Q_w / Q_u^2)\varepsilon_u，\quad \mu_u' = (Q_u Q_v Q_w / Q_u^2)\mu_u \qquad (3\text{-}9)$$

同时，变换后的电磁场变为

$$E_u' = Q_u E_u，\quad H_u' = Q_u H_u' \qquad (3\text{-}10)$$

式中，Q_u、Q_v 和 Q_w 分别为 (x, y, z) 对 (u, v, w) 的偏导数，且

$$Q_u^2 = (\partial x / \partial u)^2 + (\partial y / \partial u)^2 + (\partial z / \partial u)^2 \qquad (3\text{-}11a)$$

$$Q_v^2 = (\partial x / \partial v)^2 + (\partial y / \partial v)^2 + (\partial z / \partial v)^2 \qquad (3\text{-}11b)$$

$$Q_w^2 = (\partial x / \partial w)^2 + (\partial y / \partial w)^2 + (\partial z / \partial w)^2 \qquad (3\text{-}11c)$$

此外，Schurig 等[8]由 Maxwell 方程组的 Minkowski 形式出发，也导出了新坐标系下介电常数和磁导率的表达式。Maxwell 方程组的 Minkowski 形式为[9]

$$F_{\alpha\beta,\mu} + F_{\beta\mu,\alpha} + F_{\mu\alpha,\beta} = 0，\quad G_\alpha^{\alpha\beta} = J^\beta \qquad (3\text{-}12)$$

式中，协变张量 $F_{\alpha\beta}$，逆变张量 $G^{\alpha\beta}$ 和逆变矢量 J^β 有如下分量形式：

$$F_{\alpha\beta} = \begin{bmatrix} 0 & E_x & E_y & E_z \\ -E_x & 0 & -cB_z & cB_y \\ -E_y & cB_z & 0 & -cB_x \\ -E_z & -cB_y & cB_x & 0 \end{bmatrix}, \quad G^{\alpha\beta} = \begin{bmatrix} 0 & -cD_x & -cD_y & -cD_z \\ cD_x & 0 & -H_z & H_y \\ cD_y & H_z & 0 & -H_x \\ cD_z & -H_y & H_x & 0 \end{bmatrix} \tag{3-13a}$$

$$J^{\beta} = \begin{bmatrix} c\rho \\ J_x \\ J_y \\ J_z \end{bmatrix} \tag{3-13b}$$

其中，E_x、E_y、E_z 代表电场强度分量，B_x、B_y、B_z 代表磁感应强度分量，D_x、D_y、D_z 代表电位移矢量分量，H_x、H_y、H_z 代表磁场强度分量，ρ 是体电荷密度，J_x、J_y、J_z 是电流密度分量，c 表示真空中的光速。各物理量均采用国际单位制。所有有关空间拓扑结构的信息都可用如下本构关系概括：$G^{\alpha\beta} = C^{\alpha\beta\mu\nu} F_{\mu\nu}/2$。其中，$C^{\alpha\beta\mu\nu}$ 为本构张量，它表征了媒质的电磁特性，包括介电常数、磁导率及双各向异性。另外，由于张量 $C^{\alpha\beta\mu\nu}$ 的权值为+1，则坐标变换前后的关系为：$C^{\alpha'\beta'\mu'\nu'} = [1/\det(\Lambda_\alpha^{\alpha'})]\Lambda_\alpha^{\alpha'}\Lambda_\beta^{\beta'}\Lambda_\mu^{\mu'}\Lambda_\nu^{\nu'}C^{\alpha\beta\mu\nu}$。其中，雅可比变换矩阵形式为：$\Lambda_\alpha^{\alpha'} = \partial x^{\alpha'}/\partial x^{\alpha}$，它的各分量是新坐标对原坐标的偏导数。若只考虑与时间无关的空间坐标变换，则各向异性媒质的介电常数和磁导率可简洁地写为[8]

$$\varepsilon^{i'j'} = [1/\det(\Lambda_i^{i'})]\Lambda_i^{i'}\Lambda_j^{j'}\varepsilon^{ij} \tag{3-14a}$$

$$\mu^{i'j'} = [1/\det(\Lambda_i^{i'})]\Lambda_i^{i'}\Lambda_j^{j'}\mu^{ij} \tag{3-14b}$$

其中，字母 i 和 j 取值为 1～3，表示三个空间坐标。该方程可以分别从空间变换的角度和物质的角度来理解。从空间变换的角度来说，方程两边的材料特性张量表示相同的材料放在不同的空间中，由于变换的空间拓扑，物质的参数在变换空间不同于原坐标空间，此理解称为拓扑解释。从物质的角度来说，方程两边的材料特性张量表示不同的材料放在平直的坐标空间中，该理解可视为材料解释。然而，由于 Maxwell 方程组的形式不变性，事实上这两种解释下电磁波具有相同的传播特性。

特别地，当场量不随时间变化时，由 Maxwell 方程可知，电场矢量满足的方程和磁场矢量满足的方程是相互独立的。也就是说，在静态情况下，电场和磁场是各自存在的，可以分开讨论。对于静电场，电导率方程协变性是 Maxwell 方程坐标变换形式不变性的必然结果。无源情况下，原坐标系和新坐标系中的电导率方程分别满足如下方程的形式[10]：

$$\nabla[\sigma\,\nabla V] = 0 \tag{3-15a}$$

$$\nabla'[\sigma'\nabla' V'] = 0 \tag{3-15b}$$

式中，σ 为电导率，V 为电势函数。显然，两个方程具有相同的形式。但需要指出的是，随着空间坐标的变化，两坐标系的电导率关系也发生了改变，具体如下：

$$\sigma^{i'j'} = [1/\det(\Lambda_i^{i'})]\Lambda_i^{i'}\Lambda_j^{j'}\sigma^{ij} \qquad (3\text{-}16)$$

对于静磁场，分没有和有磁介质两种情况进行讨论。首先，无磁介质时，原坐标系和新坐标系中的磁感应强度可分别表示为[11]

$$B^i = \mu_0\mu^{ij}H_j \qquad (3\text{-}17a)$$

$$B^{i'} = \mu_0\mu^{i'j'}H_{j'} \qquad (3\text{-}17b)$$

式中，μ_0 为真空磁导率。根据 Maxwell 方程组的坐标变换形式不变性，$B^{i'}$ 与 B^i，$H_{j'}$ 与 H_j 的关系可分别定义为

$$B^{i'} = [1/\det(\Lambda_i^{i'})]\Lambda_i^{i'}B^i \qquad (3\text{-}18a)$$

$$H_j = A_j^{j'}H_{j'} \qquad (3\text{-}18b)$$

通过结合式(3-17)和式(3-18)，有

$$\mu^{i'j'}H_{j'} = [1/\det(\Lambda_i^{i'})]\Lambda_i^{i'}\Lambda_j^{j'}\mu^{ij}H_{j'} \qquad (3\text{-}19)$$

对式(3-19)进行简化，则原坐标系和新坐标系之间媒质磁导率的关系式可求得为

$$\mu^{i'j'} = [1/\det(\Lambda_i^{i'})]\Lambda_i^{i'}\Lambda_j^{j'}\mu^{ij} \qquad (3\text{-}20)$$

而当存在磁介质时，式(3-17)则应修改为[12]

$$B^i = \mu_0\mu^{ij}H_j + \mu_0M^i \qquad (3\text{-}21a)$$

$$B^{i'} = \mu_0\mu^{i'j'}H_{j'} + \mu_0M^{i'} \qquad (3\text{-}21b)$$

式中，M 为磁化强度。借助式(3-18)和式(3-21)，可得

$$\mu^{i'j'}H_{j'} + M^{i'} = [1/\det(\Lambda_i^{i'})]\Lambda_i^{i'}\Lambda_j^{j'}\mu^{ij}H_{j'} + [1/\det(\Lambda_i^{i'})]\Lambda_i^{i'}M^i \qquad (3\text{-}22)$$

通过对比式(3-22)的左右两边不难发现，坐标变换前后材料参数的关系式为

$$\mu^{i'j'} = [1/\det(\Lambda_i^{i'})]\Lambda_i^{i'}\Lambda_j^{j'}\mu^{ij} \qquad (3\text{-}23a)$$

$$M^{i'} = [1/\det(\Lambda_i^{i'})]\Lambda_i^{i'}M^i \qquad (3\text{-}23b)$$

3.3 声波方程形式不变性

由 2.2 节易知，无源空间中的声波方程满足如下形式：

$$\nabla \cdot [\nabla p/\rho] = -\omega^2 p/\kappa \qquad (3\text{-}24)$$

式中，p 为声压，ρ 为质量密度，ω 为角频率，κ 为体积模量。将原坐标系中的坐标点 (x,y,z) 转换为新坐标系中的坐标点 (u,v,w) 且满足 $u = u(x,y,z)$，$v = v(x,y,z)$ 和

$w = w(x, y, z)$。则经过坐标变换后，新坐标系下的声波方程可表示为[13]

$$\nabla' \cdot \left[\nabla' p' \Lambda \Lambda^{\mathrm{T}} / [\rho \det(\Lambda)] \right] = -\omega^2 p' / [\kappa \det(\Lambda)] \tag{3-25}$$

式中，$\Lambda = \dfrac{\partial(u, v, w)}{\partial(x, y, z)} = \begin{bmatrix} \partial u/\partial x & \partial u/\partial y & \partial u/\partial z \\ \partial v/\partial x & \partial v/\partial y & \partial v/\partial z \\ \partial w/\partial x & \partial w/\partial y & \partial w/\partial z \end{bmatrix}$ 为雅可比变换矩阵，Λ^{T} 和 $\det(\Lambda)$ 分别是

Λ 的转置矩阵和行列式。定义

$$1/\rho' = \begin{bmatrix} 1/\rho'_{xx} & 1/\rho'_{xy} & 1/\rho'_{xz} \\ 1/\rho'_{yx} & 1/\rho'_{yy} & 1/\rho'_{yz} \\ 1/\rho'_{zx} & 1/\rho'_{zy} & 1/\rho'_{zz} \end{bmatrix} = [\Lambda \Lambda^{\mathrm{T}} / \det(\Lambda)](1/\rho) \tag{3-26a}$$

$$\kappa' = \kappa \det(\Lambda) \tag{3-26b}$$

为新坐标系下的等效材料声学参数，则式(3-25)可进一步写为

$$\nabla' \cdot [\nabla' p' / \rho'] = -\omega^2 p' / \kappa' \tag{3-27}$$

通过对比式(3-24)和式(3-27)不难发现，只要坐标变换前后质量密度和体积模量满足式(3-26)的关系，则声波方程在坐标变换前后的形式保持不变。

3.4　热力学方程形式不变性

由 2.3 节可知，当速度向量 $\boldsymbol{u} = 0$，固体的热传导方程可表示为

$$\rho C_p (\partial T / \partial t) + \nabla \cdot (-\kappa \nabla T) = Q \tag{3-28}$$

式中，ρ 为密度，C_p 为比热容，T 为热力学温度，t 为时间变量，κ 为热导率，Q 为恒温热源。考虑无源的情况，则式(3-28)可进一步写为

$$\rho C_p (\partial T / \partial t) = \nabla \cdot (\kappa \nabla T) \tag{3-29}$$

2012 年，法国埃克斯-马赛大学的 Guenneau 等验证了式(3-29)的坐标变换形式不变性，导出了新坐标系下的热传导方程形式[14]：

$$\rho' C_p' (\partial T' / \partial t) = \nabla' \cdot (\kappa' \nabla T') \tag{3-30}$$

式中，新坐标系和原坐标系下的等效材料热力学参数满足

$$\kappa' = \begin{bmatrix} \kappa'_{xx} & \kappa'_{xy} & \kappa'_{xz} \\ \kappa'_{yx} & \kappa'_{yy} & \kappa'_{yz} \\ \kappa'_{zx} & \kappa'_{zy} & \kappa'_{zz} \end{bmatrix} = \Lambda \kappa \Lambda^{\mathrm{T}} / \det(\Lambda) \tag{3-31a}$$

$$\rho' C' = \rho C / \det(\Lambda) \tag{3-31b}$$

其中，$\varLambda = \dfrac{\partial(u,v,w)}{\partial(x,y,z)} = \begin{bmatrix} \partial u/\partial x & \partial u/\partial y & \partial u/\partial z \\ \partial v/\partial x & \partial v/\partial y & \partial v/\partial z \\ \partial w/\partial x & \partial w/\partial y & \partial w/\partial z \end{bmatrix}$ 为原坐标系中的坐标点 (x,y,z) 和新坐标

系中坐标点 (u,v,w) 之间的雅可比变换矩阵，$\varLambda^{\mathrm{T}}$ 和 $\det(\varLambda)$ 分别为 $\varLambda$ 的转置矩阵和行列式。式 (3-31) 给出了无源非稳态情况下新坐标系中材料参数的通用表达式。值得一提的是，对于无源稳态的情况，由式 (3-30) 易知时间项 $\partial T'/\partial t = 0$，此时 ρ' 和 C' 不再起作用，所需材料参数仅与 κ' 有关。

3.5　纳维方程形式不变性

由式 (2-16) 知，若 $b=0$，纳维方程可进一步写为

$$\nabla\cdot\mathbb{C}:\nabla\boldsymbol{u}+\rho\omega^2\boldsymbol{u}=0 \tag{3-32}$$

对式 (3-32) 作坐标变换 $x\to x'(x)$，且满足 $\boldsymbol{u}'(x')=(\varLambda^{\mathrm{T}})^{-1}\boldsymbol{u}(x)$（其中，$\varLambda_{ij}=\partial x_i'/\partial x_j$ 为雅可比变换矩阵），则新坐标系下的纳维方程通常可表示为[15]

$$\nabla'\cdot(\mathbb{C}'+S'):\nabla'\boldsymbol{u}'+\rho'\omega^2\boldsymbol{u}'=D':\nabla'\boldsymbol{u}' \tag{3-33}$$

式中，D' 和 S' 为三阶对称张量。显然，一般情况下纳维方程不具有坐标变换形式不变性。特别地，当 $\varLambda$ 为单位矩阵时，$D'=S'=0$，式 (3-33) 可简化为[16]

$$\nabla'\cdot\mathbb{C}':\nabla'\boldsymbol{u}'+\rho'\omega^2\boldsymbol{u}'=0 \tag{3-34}$$

通过对比式 (3-32) 和式 (3-34) 不难看出，两个方程的形式相同。需要指出的是，坐标变换前后的等效材料弹性力学参数关系式为[17]

$$\mathbb{C}'_{IJKL}=\varLambda_{Ii}\varLambda_{Jj}\varLambda_{Kk}\varLambda_{Ll}\mathbb{C}_{ijkl}/\det\varLambda \tag{3-35a}$$

$$\rho'=\rho/\det\varLambda \tag{3-35b}$$

3.6　Schrödinger 方程形式不变性

由 2.5 节可知，定态薛定谔方程可写为

$$-(h^2/2)\nabla\cdot(\hat{m}^{*-1}\nabla\psi)+V\psi=E\psi \tag{3-36}$$

将式 (3-36) 改写成两个一阶微分方程的形式，有

$$\boldsymbol{u}=\hat{m}^{-1}\nabla\psi \tag{3-37a}$$

$$-(h^2/2m_0)\nabla\cdot\boldsymbol{u}=(E-V)\psi \tag{3-37b}$$

在直角坐标系下，考虑坐标变换 $(x_1,x_2,x_3)\to(q_1,q_2,q_3)$，则变换前后矢量 $\boldsymbol{u}$ 的散度和波函数 ψ 的梯度的关系可表示为[18]

$$\nabla_x \psi = \hat{h}^{-1} \nabla_q \psi \tag{3-38a}$$

$$\nabla_x \cdot \boldsymbol{u} = \frac{1}{|\det(\hat{h})|} \nabla_q \cdot \boldsymbol{v} \tag{3-38b}$$

式中，$h_i = |\partial \boldsymbol{x} / \partial q_i|$ 是拉梅系数，$\hat{h}_{ij} = h_i \delta_{ij}$，$\delta_{ij}$ 是克罗内克函数，新定义的矢量 $\boldsymbol{v} = |\det(\hat{h})| \hat{h}^{-1} \boldsymbol{u}$。通过结合式 (3-37) 和式 (3-38)，便可得出新坐标系下的薛定谔方程，具体如下：

$$-(h^2 / 2m_0) \nabla_q \cdot \boldsymbol{v} = \det(\hat{h})(E - V) \psi \tag{3-39a}$$

$$\boldsymbol{v} = \det(\hat{h})(\hat{h} \hat{m} \hat{h})^{-1} \nabla_q \psi \tag{3-39b}$$

显然，若有效质量和势能满足如下形式：

$$\hat{m}' = \hat{h} \hat{m} \hat{h} / \det(\hat{h}) \tag{3-40a}$$

$$V' = E + |\det(\hat{h})|(V - E) \tag{3-40b}$$

则式 (3-37) 与式 (3-39) 是等效的。换句话说，定态薛定谔方程具有坐标变换形式不变性。

3.7　扩散方程形式不变性

由 2.6 节易知，物质的扩散方程满足如下形式：

$$\partial C / \partial t = \nabla \cdot (D \nabla C) \tag{3-41}$$

通过对式 (3-41) 进行坐标变换后，新坐标系下的扩散方程可表示为[19]

$$\partial C' / \partial t = \nabla' \cdot (D' \nabla C') \tag{3-42}$$

显然，式 (3-41) 和式 (3-42) 具有相同的形式。这意味着坐标变换前后扩散方程的形式保持不变，只不过新坐标系下的扩散系数应变为

$$D' = \begin{bmatrix} D'_{xx} & D'_{xy} & D'_{xz} \\ D'_{yx} & D'_{yy} & D'_{yz} \\ D'_{zx} & D'_{zy} & D'_{zz} \end{bmatrix} = \Lambda D \Lambda^{\mathrm{T}} / \det(\Lambda) \tag{3-43}$$

式中，$\Lambda = \dfrac{\partial(u, v, w)}{\partial(x, y, z)} = \begin{bmatrix} \partial u / \partial x & \partial u / \partial y & \partial u / \partial z \\ \partial v / \partial x & \partial v / \partial y & \partial v / \partial z \\ \partial w / \partial x & \partial w / \partial y & \partial w / \partial z \end{bmatrix}$ 为新坐标系中坐标点 (u, v, w) 对原坐标系

中坐标点 (x, y, z) 的雅可比变换矩阵，Λ^{T} 和 $\det(\Lambda)$ 分别为 Λ 的转置矩阵和行列式。

参 考 文 献

[1] Bruggeman D A G. Berechnung verschiedener physikalischer Konstanten von heterogenen Substanzen: I. Dielektrizitätskonstanten und Leitfähigkeiten der Mischkörper aus isotropen Substanzen [J]. Annalen der Physik, 1935, 416 (8): 665-679.

[2] Sihvola A. Electromagnetic Mixing Formulas and Applications [M]. London, U.K.: IEE, 1999.

[3] Sihvola A. Self-consistency aspects of dielectric mixing theories [J]. IEEE Trans. Geosci. Remote Sensing, 1989, 27: 403-415.

[4] Elliott R J, Krumhansl J A, Leath P L. The theory and properties of randomly disordered crystals and related physical systems [J]. Rev. Mod. Phys., 1974, 46: 465-543.

[5] 杨晶晶. 异质材料电磁特性模拟及应用基础研究 [D].昆明: 昆明理工大学博士学位论文, 2010.

[6] 崔万照, 马伟, 邱乐德, 等. 电磁超介质及其应用 [M]. 北京: 国防工业出版社, 2008.

[7] Pendry J B, Schurig D, Smith D R. Controlling electromagnetic fields [J]. Science, 2006, 312 (5781): 1780-1782.

[8] Schurig D, Pendry J B, Smith D R. Calculation of material properties and ray tracing in transformation media [J]. Opt. Express, 2006, 14 (21): 9794-9804.

[9] Jackson J D. Classical Electromagnetics [M]. New York: Wiley, 1975.

[10] Chen T Y, Weng C N, Chen J S. Cloak for curvilinearly anisotropic media in conduction [J]. Appl. Phys. Lett., 2008, 93 (11): 114103.

[11] Wang R F, Mei Z L, Cui T J. A carpet cloak for static magnetic field [J]. Appl. Phys. Lett., 2013, 102 (21): 213501.

[12] Sun F, He S L. Transformation magneto-statics and illusions for magnets [J]. Sci. Rep., 2014, 4: 6593.

[13] Chen H Y, Chan C T. Acoustic cloaking in three dimensions using acoustic metamaterials [J]. Appl. Phys. Lett., 2007, 91: 183518.

[14] Guenneau S, Amra C, Veynante D. Transformation thermodynamics: cloaking and concentrating heat flux [J]. Opt. Express, 2012, 20 (7): 8207-8218.

[15] Milton G W, Briane M, Willis J R. On cloaking for elasticity and physical equations with a transformation invariant form [J]. New J. Phys., 2006, 8: 248.

[16] Brun M, Guenneau S, Movchan A B. Achieving control of in-plane elastic waves [J]. Appl. Phys. Lett., 2009, 94 (6): 061903.

[17] Norrisa A N, Shuvalovb A L. Elastic cloaking theory [J]. Wave Motion, 2011, 48: 525-538.

[18] Zhang S, Genov D A, Sun C, et al. Cloaking of matter waves [J]. Phys. Rev. Lett., 2008, 100: 123002.

[19] Zeng L W, Song R X. Controlling chloride ions diffusion in concrete [J]. Sci. Rep., 2013, 3: 3359.

第4章 变换电磁学及其应用

自 2006 年 Pendry 等根据 Maxwell 方程形式不变性设计的电磁斗篷得到实验证实后[1, 2]，掀起了变换电磁学研究的热潮[3-5]。本章分别讨论电磁斗篷、集中器、透明体、幻影装置及其他电磁器件的设计。设计步骤是首先由器件功能找到变换函数，并据此导出材料介电常数和磁导率的表达式，最后将材料参数代入 COMSOL 仿真软件证实器件功能。变换电磁学是变换科学在电磁学和光学领域的分支。

4.1 电 磁 斗 篷

电磁斗篷是变换电磁学理论的最典型应用，除了封闭式斗篷，本节还将介绍外斗篷和交互式斗篷的设计。

4.1.1 封闭式斗篷

最简单的封闭式斗篷为圆柱形斗篷，其坐标变换示意图如图 4-1 所示。其中，图 4-1 (a) 和 (b) 分别表示虚拟空间和物理空间。该斗篷的设计思想是将虚拟空间中 $r < b$ 的区域沿径向压缩成物理空间中 $a < r' < b$ 的区域，并形成一个隐身域 $0 < r' < a$。这里，r 和 r' 分别表示虚拟空间和物理空间的半径，a 和 b 分别为斗篷的内径和外径。由于压缩了

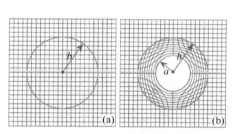

图 4-1　圆柱形封闭式斗篷坐标变换示意图

(a) 虚拟空间；(b) 物理空间[5]

物理空间，电磁波就不能渗透到隐身域，而是绕着走，并在前端恢复出原始的入射波前，从而隐身域内的物体就得到了隐藏。

圆柱坐标系下二维圆柱形封闭式斗篷的变换函数为[1]

$$r' = k_1 r + k_2, \quad \theta' = \theta, \quad z' = z \tag{4-1}$$

式中，(r, θ, z) 和 (r', θ', z') 分别为虚拟空间和物理空间的坐标。由斗篷的坐标变换过程易知，式(4-1)应满足 $r = 0$，$r' = a$ 和 $r = b$，$r' = b$ 两个边界条件。通过求解线性方程组，隐身斗篷的变换函数可表示为

$$r' = (b - a)r/b + a, \quad \theta' = \theta, \quad z' = z \tag{4-2}$$

将式(4-2)转换为直角坐标系下的形式，有

$$x' = r'\cos\theta' = (b-a)x/b + ax/r \tag{4-3a}$$

$$y' = r'\sin\theta' = (b-a)y/b + ay/r \tag{4-3b}$$

$$z' = z \tag{4-3c}$$

根据式(3-14)，当虚拟空间为自由空间时，实现该圆柱形斗篷所需材料介电常数和磁导率的张量表达式为

$$\varepsilon' = \begin{bmatrix} \varepsilon'_{xx} & \varepsilon'_{xy} & \varepsilon'_{xz} \\ \varepsilon'_{yx} & \varepsilon'_{yy} & \varepsilon'_{yz} \\ \varepsilon'_{zx} & \varepsilon'_{zy} & \varepsilon'_{zz} \end{bmatrix} = \begin{bmatrix} A\cos^2\theta + B\sin^2\theta & (A-B)\sin\theta\cos\theta & 0 \\ (A-B)\sin\theta\cos\theta & B\cos^2\theta + A\sin^2\theta & 0 \\ 0 & 0 & Ab^2/(b-a)^2 \end{bmatrix} \tag{4-4a}$$

$$\mu' = \begin{bmatrix} \mu'_{xx} & \mu'_{xy} & \mu'_{xz} \\ \mu'_{yx} & \mu'_{yy} & \mu'_{yz} \\ \mu'_{zx} & \mu'_{zy} & \mu'_{zz} \end{bmatrix} = \begin{bmatrix} A\cos^2\theta + B\sin^2\theta & (A-B)\sin\theta\cos\theta & 0 \\ (A-B)\sin\theta\cos\theta & B\cos^2\theta + A\sin^2\theta & 0 \\ 0 & 0 & Ab^2/(b-a)^2 \end{bmatrix} \tag{4-4b}$$

式中，$A = (r'-a)/r'$，$B = r'/(r'-a)$ 和 $r' = \sqrt{x'^2 + y'^2}$。接下来，将利用 COMSOL 软件中的射频模块进行建模与仿真以验证斗篷的隐身效果。仿真时，整个计算域的长和宽都设置为 0.6m，其外边界被完美匹配层（Perfectly Matched Layer，PML）包围用以吸收向外传播的电磁波。匹配层的左右两边、上下两边及顶角四个小方块区域分别设置为 x 方向吸收、y 方向吸收及 x 和 y 方向同时吸收。斗篷的几何参数选择为 a=0.15m 和 b=0.25m。考虑 TE 波入射时，式(4-4)中仅 μ'_{xx}，μ'_{xy}，μ'_{yx}，μ'_{yy} 和 ε'_{zz} 五个分量与传播模式有关，故仿真时只需将这五个分量代入 COMSOL 求解器中。图 4-2(a) 和 (b) 分别给出了当 1.5GHz 的 TE 极化平面波从左向右传播时斗篷附近的电场分布和功率流分布。

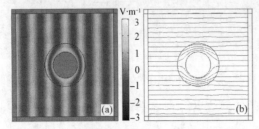

图 4-2　平面波激励下圆柱形封闭式斗篷附近的
电场分布和功率流分布

(a)电场分布；(b)功率流分布

流分布。由图可以看出，当电磁波传播遇到斗篷时，它能平滑绕过斗篷所包围的区域，并在穿过斗篷后恢复到初始传播状态，且整个过程无反射、散射或吸收现象发生，从而斗篷内的物体能被完美地隐藏起来。对于 TM 波激励情况，斗篷的隐身效果同样完美，只不过相关的材料参数分量变为 ε'_{xx}，ε'_{xy}，ε'_{yx}，ε'_{yy} 和 μ'_{zz}。为简洁起见，这种情况对应的仿真结果不再给出。

对于任意形状封闭式斗篷，其坐标变换示意图如图 4-3 所示。图 4-3(a) 和 (b) 分别对应虚拟空间和物理空间。为了实现完美隐身，需要将虚拟空间中 $r < R_2(\theta)$ 的区域沿径向压缩到物理空间中 $R_1(\theta') < r' < R_2(\theta')$ 的区域，从而得到一个电磁波不能渗透的隐身域 $r' < R_1(\theta')$。

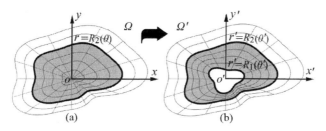

图 4-3　任意形状斗篷坐标变换示意图[6]

(a)虚拟空间；(b)物理空间[6]

通过沿径向进行线性坐标变换，圆柱坐标系下任意形状斗篷的变换函数可表示为[6]

$$r' = R_1(\theta) + [R_2(\theta) - R_1(\theta)/R_2(\theta)]r, \quad \theta' = \theta, \quad z' = z \tag{4-5}$$

式中，$R_1(\theta)$ 和 $R_2(\theta)$ 分别为斗篷的内、外边界曲线方程。借助 $x' = r'\cos\theta'$ 和 $y' = r'\sin\theta'$，将式(4-5)转换为直角坐标系形式，可计算得相应的材料介电常数和磁导率的张量表达式为

$$\varepsilon'_{xx} = \mu'_{xx} = \frac{r'^2 \sin^2\theta - 2Kr'\sin\theta\cos\theta + [(r'-R_1(\theta))^2 + K^2]\cos^2\theta}{(r'-R_1(\theta))r'} \tag{4-6a}$$

$$\varepsilon'_{xy} = \mu'_{yx} = \frac{Kr'(\cos^2\theta - \sin^2\theta) + [K^2 - R_1(\theta)(2r'-R_1(\theta))]\sin\theta\cos\theta}{(r'-R_1(\theta))r'} \tag{4-6b}$$

$$\varepsilon'_{yy} = \mu'_{yy} = \frac{r'^2 \cos^2\theta - 2Kr'\sin\theta\cos\theta + [(r'-R_1(\theta))^2 + K^2]\sin^2\theta}{(r'-R_1(\theta))r'} \tag{4-6c}$$

$$\varepsilon'_{zz} = \mu'_{zz} = \frac{(r'-R_1(\theta))}{r'}\left[\frac{R_2(\theta)}{R_2(\theta) - R_1(\theta)}\right]^2 \tag{4-6d}$$

式中，$K = \dfrac{(r'-R_1(\theta))R_1(\theta)R_2'(\theta) - (r-R_2(\theta))R_2(\theta)R_1'(\theta)}{(R_2(\theta) - R_1(\theta))R_2(\theta)}$。式(4-6)给出了实现任意形状斗篷所需材料电磁参数的通用表达式。通过选择不同的内、外边界曲线方程 $R_1(\theta)$ 和 $R_2(\theta)$，便可设计出具有共形或非共形边界的任意形状斗篷。对于内外边界共形的情况，$R_1(\theta)$ 和 $R_2(\theta)$ 可分别表示为 $R_1(\theta) = \tau_1 R(\theta)$ 和 $R_2(\theta) = \tau_2 R(\theta)$，其中 τ_1、τ_2 是大于零的常数且满足 $\tau_1 < \tau_2$，$R(\theta)$ 为基本边界曲线方程。特别地，若取 $R(\theta)=1$，$\tau_1 = 0.15$，$\tau_2 = 0.25$，便可得到前面所述的圆柱形斗篷。

当 $R(\theta) = \dfrac{ab}{\sqrt{b^2\cos^2(\theta) + a^2\sin^2(\theta)}}$ 或 $\dfrac{ab}{\sqrt{b^2\sin^2(\theta) + a^2\cos^2(\theta)}}$ 时(其中，a 和 b 分别为椭圆的长、短半轴长，且 $a > b > 0$)，可得到横向或纵向椭圆形斗篷。图 4-4(a)和(b)

分别给出这两种情况下椭圆形斗篷附近的电场分布。这里，假设 $a = 0.3$，$b = 0.2$，$\tau_1 = 1$ 和 $\tau_2 = 2$。

若取 $R(\theta) = \dfrac{a_0 \tan(\pi/2 - \pi/N)}{2\cos[\theta - 2(n-1)\pi/N - \theta_0]}$（其中，$a_0$、$\theta_0$、$N$ 和 n 分别对应正多边形的边长、旋转角、边数和边沿逆时针方向的数字编号），则可得到正多边形斗篷。图4-5描述了1.5GHz沿 x 轴正向入射平面波激励下正多边形斗篷附近的电场分布。其中，图4-5(a)是正四边形斗篷，图4-5(b)对应正六边形斗篷。正四边形和正六边形的内、外环外接圆半径分别为0.2m和0.4m。

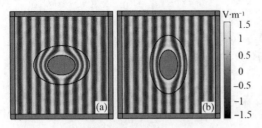

图4-4　平面波激励下椭圆形斗篷附近的　　　　图4-5　平面波激励下正多边形斗篷附近的
　　　　　电场分布　　　　　　　　　　　　　　　　　　电场分布

(a)横向椭圆；(b)纵向椭圆　　　　　　　　　　　(a)正四边形；(b)正六边形

当 $R(\theta)$ 为普通的边界曲线方程时，可得到一般的共形边界任意形状斗篷。图4-6给出了0.8GHz平面波激励下共形任意形状斗篷附近的电场分布。图4-6(a)中平面波沿 x 轴正向入射，图4-6(b)中平面波与 x 轴正向成45°入射。共形任意形状隐身斗篷的内、外边界曲线方程分别选择为 $R_1(\theta) = R(\theta)/3$ 和 $R_2(\theta) = R(\theta)$。其中，$R(\theta) = 0.7 + 0.1\sin(\theta) + 0.3\sin(3\theta) + 0.2\cos(5\theta)$ 是非对称的几何结构。由图可以看出，该非对称共形任意形状斗篷不仅能实现完美隐身，而且其性能也不依赖电磁波的入射方向。

上述讨论的都是内外边界共形的斗篷，对于内外边界非共形的情况，即 $R_2(\theta)/R_1(\theta) \neq \tau$，其中 τ 为整数。斗篷边界曲线方程的选择是任意的，但必须确保 $R_1(\theta)$ 所包围的区域在 $R_2(\theta)$ 所包围的区域内。图4-7描述了0.8GHz平面波和柱面波激励下一般非共形任意形状斗篷周边的电场分布。图4-7(a)中TE极化平面波沿 x 轴正向入射，图4-7(b)中幅值为 10^{-3} A的点源放置于 $(-1.5\mathrm{m}, -1.5\mathrm{m})$ 处产生柱面波。仿真时，非共形任意形状斗篷的内外边界曲线方程分别选择为 $R_1(\theta) = [12 + 2\cos(\theta) + \sin(2\theta) - 2\sin(3\theta)]/30$，$R_2(\theta) = [10 + \sin(\theta) - \sin(2\theta) + 2\cos(5\theta)]/12$。由图可见，无论是平面波还是柱面波激励，电磁波都能平滑有规律地绕过隐身域并在前端完美恢复出原入射波前，因此斗篷能使被隐藏的物体对外界不可见。

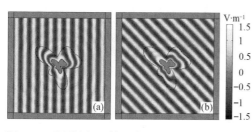
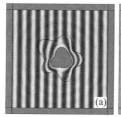
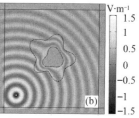

图 4-6　平面波与 x 轴正向呈 0° 和 45° 入射时共形任意形状斗篷附近的电场分布

(a) 0°；(b) 45°

图 4-7　平面波和柱面波激励下非共形任意形状斗篷附近的电场分布

(a) 平面波；(b) 柱面波

4.1.2　外斗篷

2009 年，赖耘等[7]设计了外斗篷，它利用"反物体"来实现对斗篷外物体的隐身，从而弥补了传统斗篷无法与外界联系的缺点。图 4-8 给出了圆柱形电磁外斗篷的模型示意图。互补媒质层通过将空气层 $b<r<c$ 折叠为 $a<r'<b$ 得到；恢复层通过将 $0<r<c$ 转换为 $0<r'<a$ 得到。由互补媒质理论可知，普通媒质的前向波效应和负折射率媒质的后向波效应可使合成电磁波

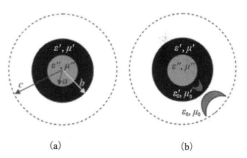

图 4-8　圆柱形电磁外斗篷模型示意图[7]

(a) 外斗篷本身；(b) 外斗篷对月牙形物体的隐身

的相位变化为零，从而在 $r'=a$ 和 $r=c$ 处的相位相同，即空气层和互补媒质层就好像不存在一样。此外，通过引入恢复层来恢复电磁波在空气层和互补媒质层中的传播路径。这样一来，整个斗篷系统包括恢复层（$0<r'<a$）、互补媒质层（$a<r'<b$）和空气层（$b<r'<c$）就相当于半径为 c 的圆柱形自由空间，如图 4-8(a) 所示。当把一个介电常数和磁导率分别为 ε_0 和 μ_0 的月牙形物体放置在空气层中时，为了实现对其隐身，需要在互补媒质层中嵌入一个与原物体"镜像"的"反物体"，如图 4-8(b) 所示。需要说明的是，反物体的大小、形状和位置由原物体和变换函数共同决定，其材料电磁参数为 $\varepsilon_0'=\varepsilon'\varepsilon_0$ 和 $\mu_0'=\mu'\mu_0$。其中，ε' 和 μ' 分别为互补媒质层的介电常数和磁导率。

若假设圆柱形电磁外斗篷从虚拟空间到物理空间的变换函数为线性函数，则对于外斗篷的互补媒质层有

$$r'=(b-a)r/(b-c)+(c-a)b/(c-b)，\quad \theta'=\theta，\quad z'=z \tag{4-7}$$

对于恢复层有

$$r'=ar/c，\quad \theta'=\theta，\quad z'=z \tag{4-8}$$

将上述变换函数转换为直角坐标系下的形式，并根据式 (3-14) 可求得互补媒质层和恢复层的介电常数和磁导率张量表达式为

$$\varepsilon' = \mu' = \begin{bmatrix} A\cos^2\theta + B\sin^2\theta & (A-B)\sin\theta\cos\theta & 0 \\ (A-B)\sin\theta\cos\theta & B\cos^2\theta + A\sin^2\theta & 0 \\ 0 & 0 & Ak_1^2 \end{bmatrix} \quad (4\text{-}9)$$

$$\varepsilon'' = \mu'' = \begin{bmatrix} 1 & 0 & 0 \\ 0 & 1 & 0 \\ 0 & 0 & (c/a)^2 \end{bmatrix} \quad (4\text{-}10)$$

式中，$A = (k_1r' + k_2)/k_1r'$，$B = k_1r'/(k_1r' + k_2)$，$k_1 = (b-c)/(b-a)$，$k_2 = (a-c)b/(a-b)$。
图 4-9 给出了文献[7]中所得到的仿真结果。图 4-9(a)描述了 TE 极化平面波激励下恢复层和互补媒质层组成的外斗篷系统附近的电场分布。图中平面波入射频率为 0.3GHz，与斗篷几何参数相关的 a、b 和 c 的取值分别为 0.5m、1m 和 2m；由图可以看出，平面波传播遇到该斗篷时，无散射、反射现象发生，且当其穿过斗篷后能完美恢复出原入射波前。因此，对外界来说，外斗篷是不可见的。图 4-9(b) 和 (c) 分别对应有和没有外斗篷时弧形板周边的电场分布。图 4-9(c) 中的白色斑点代表场强高，其由弧形板和嵌有反物体的互补媒质层光学相消过程中产生的表面模共振引起。弧形板介于半径为 1.5m 和 1.8m 的两圆之间，其厚度 $h = 0.3$m，介电常数和磁导率分别为 $\varepsilon_0 = 2$ 和 $\mu_0 = 1$。根据式(4-7)的映射关系易知，与该弧形板对应的"镜像"反物体介于半径为 0.6m 和 0.75m 的两圆之间，其厚度 $h = 0.15$m。此外，反物体的介电常数和磁导率分别为 $\varepsilon_{0z}' = 2\varepsilon_z'$ 和 $\mu_0' = \mu'$。对比这两幅图不难发现，在外斗篷的互补媒质层嵌入反物体后，弧形板能被完美地隐藏。图 4-9(d) 为外斗篷对两块弧形板的隐身效果。放置在左侧的弧形板介于半径为 1.2m 和 1.5m 的两圆之间，其磁导率为 $\mu_{0r} = 1$ 和 $\mu_{0\theta} = -1$。放置在斗篷正下方的弧形板介于半径为 1.5m 和 1.8m 的两圆之间，其介电常数为 $\varepsilon_0 = 1 + (1.8-r)/0.3$。这种情况下，与左侧弧形板对应的反物体的电磁参数为 $\mu_{0r}' = \mu_r'$，$\mu_{0\theta}' = -\mu_\theta'$ 和 $\varepsilon_{0z}' = \varepsilon_z'$，而与正下方弧形板对应的反物体的电磁参数为 $\mu_0' = \mu'$ 和 $\varepsilon_{0z}' = [1 - (0.6 - r')/0.15]\varepsilon_z'$，两块弧形板的位置可由式(4-7)唯一确定。频率为 0.3GHz 的点源放置于 $(2m, -2m)$ 处用于产生柱面波。由图可以看出，在外斗篷的作用下，两块弧形板不仅可与外界进行信息交互，而且外界也不能探测到它们的存在。

　　图 4-10 为任意形状电磁外斗篷[8]的模型示意图。为设计该斗篷，首先需要将虚拟空间中 $bR(\theta) < r < cR(\theta)$ 的区域折叠成物理空间中 $aR(\theta) < r' < bR(\theta)$ 的区域以实现两区域的光学相消，然后通过将 $0 < r < cR(\theta)$ 的区域变换为 $0 < r' < aR(\theta)$ 的区域使得相消空间中正确的电磁波传播路径得以恢复。图 4-10(a) 给出了恢复层$[0 < r' < aR(\theta)]$、互补媒质层$[aR(\theta) < r' < bR(\theta)]$和空气层$[bR(\theta) < r' < cR(\theta)]$组成的外斗篷系统。图 4-10(b)通过在外斗篷互补媒质层中嵌入反物体来实现对空气层中原物体的隐身。反物体的大小、形状和位置由外斗篷的变换函数以及原物体共同决定。

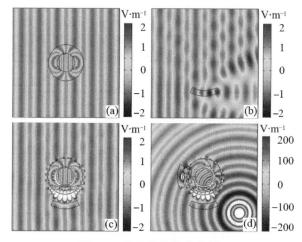

图 4-9　外斗篷的仿真结果

(a)外斗篷附近的电场分布；(b)弧形板附近的电场分布；
(c)外斗篷对图(b)中物体的隐身效果；(d)外斗篷对两块弧形板的隐身效果

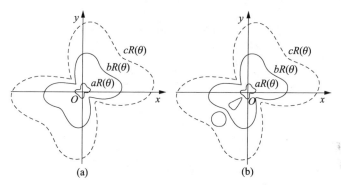

图 4-10　任意形状电磁外斗篷模型示意图

(a)外斗篷本身；(b)外斗篷对原物体的隐身

对于外斗篷的互补媒质层和恢复层，线性变换函数分别表示为

$$r' = k_1 r + k_2 R(\theta) ， \quad \theta' = \theta ， \quad z' = z \tag{4-11}$$

$$r' = (a/c)r ， \quad \theta' = \theta ， \quad z' = z \tag{4-12}$$

式中，$k_1 = (c-b)/(a-b)$ 和 $k_2 = (a-c)b/(a-b)$。其电磁参数推导过程与前述圆柱形外斗篷类似，相应区域的介电常数和磁导率的张量表达式求得为

$$\varepsilon' = \mu' = \begin{bmatrix} (a_1^2 + a_2^2)/(a_1 b_2 - a_2 b_1) & (a_1 b_1 + a_2 b_2)/(a_1 b_2 - a_2 b_1) & 0 \\ (a_1 b_1 + a_2 b_2)/(a_1 b_2 - a_2 b_1) & (b_1^2 + b_2^2)/(a_1 b_2 - a_2 b_1) & 0 \\ 0 & 0 & 1/(a_1 b_2 - a_2 b_1) \end{bmatrix} \tag{4-13}$$

$$\varepsilon'' = \mu'' = \begin{bmatrix} 1 & 0 & 0 \\ 0 & 1 & 0 \\ 0 & 0 & (c/a)^2 \end{bmatrix} \tag{4-14}$$

式中，$a_1 = k_1 + k_2 R(\theta) y^2/r^3 - k_2 R'(\theta) xy/r^3$，$a_2 = -k_2 R(\theta) xy/r^3 + k_2 R'(\theta) x^2/r^3$，$b_1 = -k_2 R(\theta) xy/r^3 - k_2 R'(\theta) y^2/r^3$，$b_2 = k_1 + k_2 R(\theta) x^2/r^3 + k_2 R'(\theta) xy/r^3$，$R'(\theta) = \mathrm{d}[R(\theta)]/\mathrm{d}\theta$。外斗篷的形状和基本边界曲线方程与 $R(\theta)$ 的选择密切相关。图 4-11(a)～(d) 分别给出了平面波激励下圆柱形、椭圆形、正四边形以及任意形状外斗篷对半径 $r = 0.3\,\mathrm{m}$、介电常数 $\varepsilon_0 = 2$ 和磁导率 $\mu_0 = 1$ 的圆柱形物体的隐身效果。

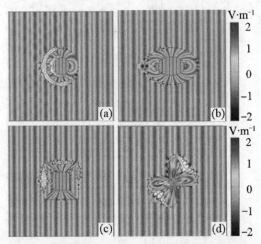

图 4-11　不同形状外斗篷对圆柱形物体的隐身效果

(a) 圆柱形；(b) 椭圆形；(c) 正四边形；(d) 任意形状

为与线性变换外斗篷进行比较，对基于非线性变换外斗篷的电磁特性进行了研究。假设恢复层的变换函数不变，而互补媒质层的变换函数为

$$r' = (bR(\theta))^2/r，\quad \theta' = \theta，\quad z' = z \tag{4-15}$$

此种情况下，互补媒质层相应的介电常数和磁导率张量表达式求得为

$$\varepsilon' = \mu' = \begin{bmatrix} (c_1^2 + c_2^2)/(c_1 d_2 - c_2 d_1) & (c_1 d_1 + c_2 d_2)/(c_1 d_2 - c_2 d_1) & 0 \\ (c_1 c_1 + c_2 d_2)/(c_1 d_2 - c_2 d_1) & (d_1^2 + d_2^2)/(c_1 d_2 - c_2 d_1) & 0 \\ 0 & 0 & 1/(c_1 d_2 - c_2 d_1) \end{bmatrix} \tag{4-16}$$

式中，$c_1 = 2b^2 R(\theta) R'(\theta) xy/r^4 + b^2 R^2(\theta)/r^2 - 2b^2 R^2(\theta) x^2/r^4$，$c_2 = 2b^2 R(\theta) R'(\theta) x^2/r^4 - 2b^2 R^2(\theta) xy/r^4$，$d_1 = -2b^2 R(\theta) R'(\theta) y^2/r^4 - 2b^2 R^2(\theta) xy/r^4$，$d_2 = 2b^2 R(\theta) R'(\theta) xy/r^4 + b^2 R^2(\theta)/r^2 - 2b^2 R^2(\theta) y^2/r^4$，$R'(\theta) = \mathrm{d}[R(\theta)]/\mathrm{d}\theta$。与线性变换外斗篷一样，通过选择不同的 $R(\theta)$ 便可设计出非线性变换圆柱形、椭圆形、正多边形和任意形状外斗篷。为简洁

起见，在此仅比较非线性与线性圆柱形外斗篷的特性。由图 4-12 可见，两种外斗篷都有隐身效果，但非线性外斗篷具有更优的特性，具体表现如下：当原物体的尺寸相同时，非线性外斗篷所需反物体的尺寸相对较小；当反物体的尺寸相同时，非线性外斗篷能实现对较大原物体的完美隐身。

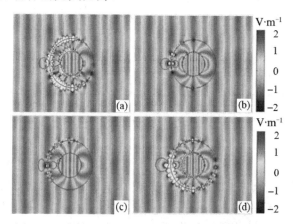

图 4-12　线性和非线性圆柱形外斗篷的特性比较

(a)、(c)线性；(b)、(d)非线性；(a)和(b)原物体尺寸相同；(c)和(d)反物体尺寸相同

4.1.3　交互式斗篷

2011 年，本课题组提出了交互式斗篷[9]，该斗篷能有效弥补传统斗篷和外斗篷的不足。圆柱形交互式斗篷的坐标变换示意图如图 4-13 所示。其中，图 4-13 (a) 和 (b) 分别表示虚拟空间和物理空间。对该斗篷的坐标变换过程描述如下：将虚拟空间中 $0<r<a$ 的区域沿径向折叠成物理空间中 $a<r'<b$ 的区域，而保持内、外边界 $r'=a$ 和 $r'=c$ 不变。这样一来，物理空间就被分成四个部分，即隐身域($r'<a$)、互补媒质层($a<r'<b$)、恢复层($b<r'<c$)和外部区($r'>c$)。交互式斗篷的工作原理可概括为：隐身域内的物体与互补媒质层光学相消；相消空间中正确的电磁波传播路径在恢复层中得以还原。

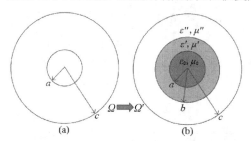

图 4-13　圆柱形交互式斗篷坐标变换示意图

(a)虚拟空间；(b)物理空间

圆柱坐标系下，交互式斗篷互补媒质层和恢复层的变换函数可分别表示为

$$r' = (a-b)r/a + b , \quad \theta' = \theta , \quad z' = z \tag{4-17}$$

$$r' = (c-b)r/c + b , \quad \theta' = \theta , \quad z' = z \tag{4-18}$$

据此可得相应区域材料介电常数和磁导率的张量表达式:

$$\varepsilon' = \mu' = \begin{bmatrix} A\cos^2\theta + B\sin^2\theta & (A-B)\sin\theta\cos\theta & 0 \\ (A-B)\sin\theta\cos\theta & B\cos^2\theta + A\sin^2\theta & 0 \\ 0 & 0 & k_2^2(r'-k_1)/r' \end{bmatrix} \tag{4-19}$$

$$\varepsilon'' = \mu'' = \begin{bmatrix} C\cos^2\theta + D\sin^2\theta & (C-D)\sin\theta\cos\theta & 0 \\ (C-D)\sin\theta\cos\theta & D\cos^2\theta + C\sin^2\theta & 0 \\ 0 & 0 & k_4^2(r'-k_3)/r' \end{bmatrix} \tag{4-20}$$

式中, $A = (r'-k_1)/r'$, $B = r'/(r'-k_1)$, $C = (r'-k_3)/r'$, $D = r'/(r'-k_3)$, $k_1 = k_3 = b$, $k_2 = a/(a-b)$ 和 $k_4 = c/(c-b)$。交互式斗篷与封闭式斗篷的电磁特性比较结果如图4-14所示。图4-14(a)和(b)分别给出了两种斗篷周边的电场分布。由图可见,平面波传播至斗篷时都能平滑地绕过隐身域并继续向前传播,放置于斗篷内的物体能被完美隐藏。此外,入射波能透射到交互式斗篷的隐身域。图 4-14(c)描述了电磁波在自由空间和两种斗篷中传播时隐身域内沿 x 轴方向的电场强度比较。可以看出交互式斗篷中心的场强与电磁波在自由空间中传播时一样,而封闭式斗篷内的场强为零,这意味着隐藏在封闭式斗篷内的物体是"盲"的,其与外界隔离了,而放置于交互式斗篷内的物体则能够与外界联系,看到外面的世界。

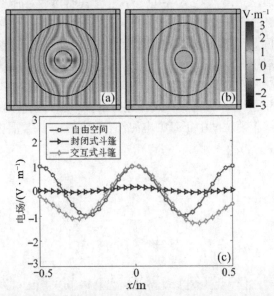

图4-14 交互式斗篷和传统封闭式斗篷附近的电场分布及隐身域内沿 x 轴方向的电场强度比较

(a)交互式斗篷; (b)传统封闭式斗篷; (c)隐身域内电场强度比较

图 4-15(a)描述了人形金属体裸露于自由空间时的电场分布，平面波沿水平方向传播。显而易见，金属体严重干扰了电磁波的传播，从而导致了明显的后向反射和锋利的阴影。当金属体放置于交互式斗篷时其周边的电场分布显示在图 4-15(b)中，图中白色斑点代表场强高，这是由金属体和互补媒质层光学相消过程中产生的表面模共振引起的。由图可以清楚地看出，金属体被完美地隐藏了。因此，交互式斗篷不仅能实现封闭式斗篷的功能，而且还允许隐藏在其中的物体与外界进行信息交互，交互式斗篷的特性源于该器件利用互补媒质层来消除物体的散射。

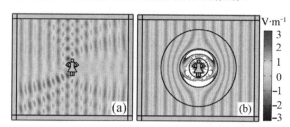

图 4-15　没有和有交互式斗篷时人形金属体附近的电场分布

(a)没有；(b)有

图 4-16 是交互式斗篷和传统外斗篷的电磁特性比较结果。图 4-16(a)对应厚度 $h = 0.2\,\mathrm{m}$，介电常数 $\varepsilon_0 = 3 + \mathrm{j}0.001$ 的弧形板一裸露于自由空间时的电场分布。为了使其对外界不可见，在交互式斗篷的互补媒质层放置了一个材料电磁参数为 $\varepsilon_0' = \varepsilon_0\varepsilon'$ 和 $\mu_0' = \mu_0\mu'$ 的反物体，如图 4-16(b)所示。反物体的大小、形状和位置由式(4-17)来确定。图 4-16(d)给出了厚度和材料电磁参数与图 4-16(a)中物体完全相同的弧形板二放置于自由空间中时的电场分布。图 4-16(e)是传统外斗篷对图 4-16(d)中物体的隐身效果。图 4-16(b)和(e)中完美恢复的平面波前清楚地表明交互式斗篷具有类似传统外斗篷的功能，即利用量身定制的反物体来实现对原物体的完美隐身。图 4-16(c)描述了当弧形板一和反物体之间位置存在 45° 旋转偏移时交互式斗篷对图 4-16(a)中物体的隐身效果。作为比较，模拟了当弧形板二和反物体之间位置存在 1° 旋转偏移时传统外斗篷对图 4-16(d)中物体的隐身效果，仿真结果如图 4-16(f)所示。对比这两幅图可以发现，旋转偏移对传统外斗篷的性能影响非常大，微小的偏移便会引起明显的波形扰动，但偏移对交互式斗篷的性能几乎没有影响。值得一提的是，即使旋转偏移大于 45° 时，交互式斗篷的隐身效果依然很完美，但为简洁起见，相应仿真结果没有给出。也就是说，与传统外斗篷相比，交互式斗篷中的隐藏物体拥有更大的移动自由度。通过上述分析，可以得出如下结论：交互式斗篷可用作隐藏物体可自由移动的外斗篷。

类似地，圆柱形交互式斗篷的设计思想可很容易扩展到任意形状及三维的情况。图 4-17(a)和(b)分别给出了平面波激励下二维任意形状和三维球形交互式斗篷附近的电场分布。由图可以看出，交互式斗篷的性能很完美，其不仅能使外界无法探测到斗篷内物体的存在，而且还允许物体与外界进行信息交流。

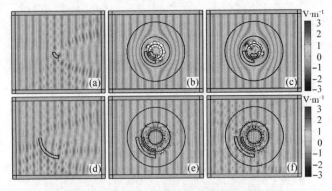

图 4-16　交互式斗篷与外斗篷的特性比较

(a)弧形板一附近的电场分布；(b) 0°和(c) 45°偏移交互式斗篷对弧形板一的隐身效果；
(d)弧形板二附近的电场分布；(e) 0°和(f) 1°偏移外斗篷对弧形板二的隐身效果

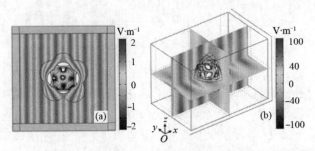

图 4-17　二维任意形状和三维球形交互式斗篷附近的电场分布

(a)二维任意形状；(b)三维球形

4.2　电磁集中器

除斗篷外，电磁集中器也非常有趣，它可以用于太阳能电池、光学聚焦、微波加热和激光点火等领域[10-13]。在这一节中，将介绍圆柱形、任意形状和均匀参数电磁集中器的设计。

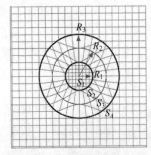

图 4-18　圆柱形电磁集中器
模型示意图[10]

4.2.1　圆柱形集中器

圆柱形电磁集中器[10]的模型如图 4-18 所示。图中半径分别为 R_1、R_2 和 R_3 的圆将整个虚拟空间划分为 S_1（$0 < r < R_1$）、S_2（$R_1 < r < R_2$）、S_3（$R_2 < r < R_3$）和 S_4（$r > R_3$）四个区域。为了实现电磁波聚焦，需要进行两步坐标变换：首先，将虚拟空间中的区域 S_1 和 S_2 沿径向压缩成物理空间中的区域 S_1；然后，将虚拟空间中的区域 S_3 沿径向扩展成物理空间中的区域 S_2 和 S_3。

将经压缩过程得到的区域 S_1 定义为核心区，而将经扩展过程得到的区域 S_2 和 S_3 定义为外壳区。

由坐标变换过程易知，对于圆柱形集中器的核心区和外壳区，变换函数可分别表示为

$$r' = (R_1/R_2)r , \quad \theta' = \theta , \quad z' = z \tag{4-21}$$

$$r' = (R_3 - R_1)r/(R_3 - R_2) - (R_2 - R_1)R_3/(R_3 - R_2) , \quad \theta' = \theta , \quad z' = z \tag{4-22}$$

根据变换电磁学理论，可很容易求出两区域所需材料电磁参数的表达式，具体有

$$\varepsilon' = \mu' = \begin{bmatrix} 1 & 0 & 0 \\ 0 & 1 & 0 \\ 0 & 0 & (R_2/R_1)^2 \end{bmatrix} \tag{4-23}$$

$$\varepsilon' = \mu' = \begin{bmatrix} (a_1^2 + a_2^2)/(a_1b_2 - a_2^2) & (a_1 + b_2)a_2/(a_1b_2 - a_2^2) & 0 \\ (a_1 + b_2)a_2/(a_1b_2 - a_2^2) & (a_2^2 + b_2^2)/(a_1b_2 - a_2^2) & 0 \\ 0 & 0 & 1/(a_1b_2 - a_2^2) \end{bmatrix} \tag{4-24}$$

式中，　$a_1 = (R_3 - R_1)/(R_3 - R_2) - (R_2 - R_1)R_3y^2/[(R_3 - R_2)r^3]$，　$a_2 = (R_2 - R_1)R_3xy/[(R_3 - R_2)r^3]$，　$b_2 = (R_3 - R_1)/(R_3 - R_2) - (R_2 - R_1)R_3x^2/[(R_3 - R_2)r^3]$。

图 4-19(a) 和 (b) 分别描述了 1GHz 沿 x 轴正向入射的平面波激励下圆柱形集中器附近的电场分布和功率流分布。仿真时，$R_1 = 0.1\,\text{m}$，$R_2 = 0.2\,\text{m}$ 和 $R_3 = 0.4\,\text{m}$。由图可见，平面波传播至集中器时会自然地向核心区会聚，经外壳区后又完美恢复出原入射波前。功率流主要集中于核心区，该区的电磁能量密度最大。

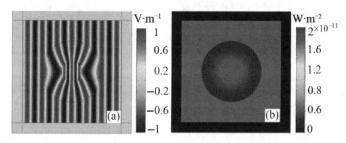

图 4-19　平面波激励下圆柱形电磁集中器附近的电场分布和功率流分布

(a) 电场分布；(b) 功率流分布

4.2.2　任意形状集中器

为了便于分析与讨论，分为共形和非共形两种情况对任意形状电磁集中器[11]进行介绍。

共形任意形状电磁集中器的模型如图 4-20 所示，其设计过程与圆柱形集中器类似。首先，需要将虚拟空间中的区域 $S_1 [\, 0 < r < aR(\theta) \,]$ 和 $S_2 [\, aR(\theta) < r < bR(\theta) \,]$ 沿

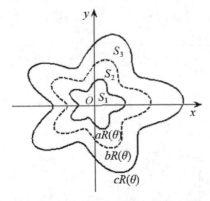

图 4-20　共形任意形状电磁集中器
模型示意图

径向压缩成物理空间中的区域 $S_1[\,0<r'<aR(\theta)\,]$；然后，将虚拟空间中的区域 $S_3[\,bR(\theta)<r<cR(\theta)\,]$ 沿径向扩展成物理空间中的区域 $S_2[\,aR(\theta)<r'<bR(\theta)\,]$ 和 $S_3[\,bR(\theta)<r'<cR(\theta)\,]$。圆柱坐标系下，共形任意形状电磁集中器核心区和外壳区的变换函数可分别表示为 $r'=ar/b$，$\theta'=\theta$，$z'=z$ 和 $r'=k_1r+cR(\theta)(1-k_1)$，$\theta'=\theta$，$z'=z$，其中 $k_1=(c-a)/(c-b)$。显然，共形电磁集中器的形状与 $R(\theta)$ 的选择密切相关。图 4-21(a)～(c) 分别给出了椭圆形、正五边形和任意形状电磁集中器附近的电场分布。由图可以看出，三种集中器都能将电磁波会聚到核心区，并使该区

的电磁能量密度远远大于周边。

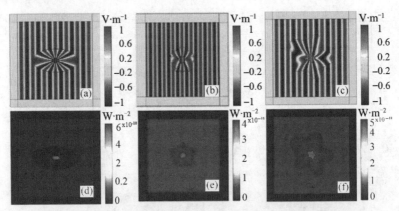

图 4-21　不同形状电磁集中器附近的电场分布及功率流分布

(a)椭圆形；(b)正五边形；(c)任意形状；(d)～(f)是与(a)～(c)相对应的功率流分布

　　图 4-22 描述了非共形任意形状电磁集中器的模型示意图。图中从内到外各边界曲线的方程分别为 $R_1(\theta)$、$R_2(\theta)$ 和 $R_3(\theta)$。为了使电磁波会聚于核心区，首先需要将虚拟空间中的区域 $S_1[\,0<r<R_1(\theta)\,]$ 和 $S_2[\,R_1(\theta)<r<R_2(\theta)\,]$ 沿径向压缩成物理空间中的区域 $S_1[\,0<r'<R_1(\theta)\,]$；其次需要将虚拟空间中的区域 $S_3[\,R_2(\theta)<r<R_3(\theta)\,]$ 沿径向扩展成物理空间中的区域 $S_2[\,R_1(\theta)<r'<R_2(\theta)\,]$ 和 $S_3[\,R_2(\theta)<r'<R_3(\theta)\,]$。

　　经过上述坐标变换，圆柱坐标系下非共形任意形状电磁集中器核心区和外壳区的变换函

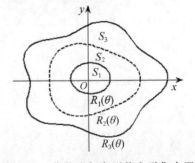

图 4-22　非共形任意形状电磁集中器
模型示意图

数可分别表示为 $r' = k_1 r$，$\theta' = \theta$，$z' = z$ 和 $r' = k_3 r + k_4$，$\theta' = \theta$，$z' = z$。其中，$k_1 = \dfrac{R_1(\theta)}{R_2(\theta)}$，

$k_3 = \dfrac{R_3(\theta) - R_1(\theta)}{R_3(\theta) - R_2(\theta)}$，$k_4 = \dfrac{[R_1(\theta) - R_2(\theta)]R_3(\theta)}{R_3(\theta) - R_2(\theta)}$。图 4-23 给出了 1GHz 平面波激励下非

共形任意形状电磁集中器周边的电场分布及功率流分布。仿真时，边界曲线方程为 $R_1(\theta) = [12 + 2\cos(\theta) + \sin(2\theta) - 2\sin(3\theta)]/80$，$R_2(\theta) = [20 + 2\sin(2\theta) - 3\sin(5\theta) + 5\cos(7\theta)]/50$，$R_3(\theta) = [10 + \sin(\theta) - \sin(2\theta) + 2\cos(5\theta)]/12$。由图可见，当平面波照射到集中器时，电磁波会自然地向核心区会聚，而当其穿过集中器后，又能毫无能量损耗地恢复出原入射波前。因此，该集中器能很好地实现对电磁波的聚焦，并使核心区的电磁能量密度达到最大。

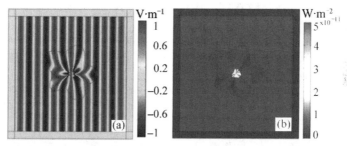

图 4-23　平面波激励下非共形任意形状电磁集中器附近的电场分布和功率流分布

(a) 电场分布；(b) 功率流分布

4.2.3　均匀参数集中器

4.2.1 节和 4.2.2 节介绍的电磁集中器材料参数复杂，下面讨论均匀参数集中器的设计。二维均匀参数集中器[12]坐标变换示意图如图 4-24 所示，其中图 4-24(a) 为虚拟空间 (x, y)，图 4-24(b) 为过渡空间 (x', y')，图 4-24(c) 为物理空间 (x'', y'')。坐标变换过程分为两步：第一步 $(a) \rightarrow (b)$ 沿 x 方向将线段 $2a$ 线性压缩为 $2b$，第二步 $(b) \rightarrow (c)$ 沿 y 方向将线段 $2e$ 线性压缩为 $2f$。二维均匀参数集中器的材料参数推导过程详见文献[12]。

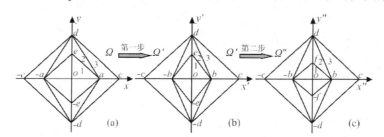

图 4-24　二维均匀参数电磁集中器坐标变换示意图

(a) 虚拟空间；(b) 过渡空间；(c) 物理空间

电磁集中器几何参数选定后，各区域的材料参数分布就唯一确定了。仿真时，考虑

TE 波入射的情况，且集中器的几何参数选择为 $a = 0.14\,\mathrm{m}$，$b = 0.1\,\mathrm{m}$，$c = 0.2\,\mathrm{m}$，$d = 0.3\,\mathrm{m}$，$e = 0.31\,\mathrm{m}$ 和 $f = 0.1\,\mathrm{m}$。图 4-25 给出了集中器的材料参数分布。由图可见，集中器各区域的介电常数和磁导率张量都是非奇异均匀的，且其分布呈现出很好的空间对称性。

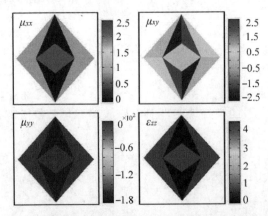

图 4-25　二维均匀参数电磁集中器材料参数分布

图 4-26(a)～(c) 描述了 1.5GHz 平面波激励下二维均匀参数电磁集中器附近的电场分布。其中，图 4-26(a) 中平面波与 x 轴正向成 0° 入射，图 4-26(b) 中平面波与 x 轴正向成 45° 入射，图 4-26(c) 中平面波与 x 轴正向成 90° 入射。显然，不同入射角度下，平面波传播至集中器时都会发生会聚现象，而当其穿过集中器后又都能完美恢复出原入射波前。为进一步说明入射角度对会聚效果的影响，给出了上述三种情况对应的功率流及曲线分布，如图 4-26(d)～(f) 所示。由图不难发现，集中器核心区内的功率流分布是均匀的，功率流密度明显增强，入射角为 0° 时核心区内的功率流密度约为 $5.5\times10^{-3}\,\mathrm{W/m^2}$，入射角为 45° 时为 $4\times10^{-3}\,\mathrm{W/m^2}$，入射角为 90° 时为 $2.5\times10^{-3}\,\mathrm{W/m^2}$。很明显，功率流密度随入射角的增加而减小。因此，二维均匀参数集中器的聚焦效果与电磁波的入射角度有关。

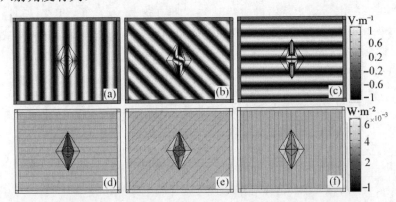

图 4-26　平面波入射角不同时二维均匀参数电磁集中器附近的电场分布[12]

(a) 0°；(b) 45°；(c) 90°；(d)～(f) 是与 (a)～(c) 相对应的功率流及曲线分布

为了更接近实际情况，对三维均匀参数电磁集中器[13]也进行了介绍。整个坐标空间被 x、y、z 轴分成八个卦限，以包含 x 轴正半轴、y 轴正半轴和 z 轴正半轴的第一卦限为例，集中器的坐标变换示意图如图 4-27 所示。其中，图 4-27(a) 为虚拟空间 (x,y,z)，图 4-27(b) 为过渡空间一 (x',y',z')，图 4-27(c) 为过渡空间二 (x'',y'',z'')，图 4-27(d) 为物理空间 (x''',y''',z''')。坐标变换过程分为三步：第一步 $(a) \to (b)$ 沿 x 轴方向线性压缩线段 OD 至 OD'，第二步 $(b) \to (c)$ 沿 y 轴方向线性压缩线段 OE 至 OE'，第三步 $(c) \to (d)$ 沿 z 轴方向线性压缩线段 OF 至 OF'。

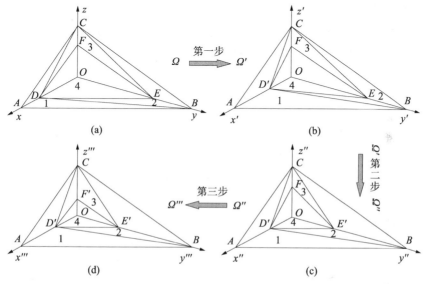

图 4-27　三维均匀参数电磁集中器坐标变换示意图

(a)虚拟空间；(b)过渡空间一；(c)过渡空间二；(d)物理空间

假设 $OA=a$，$OB=b$，$OC=c$，$OD=d$，$OD'=d'$，$OE=e$，$OE'=e'$，$OF=f$ 和 $OF'=f'$。三维均匀参数电磁集中器材料介电常数和磁导率张量表达式的推导过程见文献[13]。仿真时，电磁集中器的几何参数选择为 $a=4\,\mathrm{m}$、$b=8\,\mathrm{m}$、$c=2\,\mathrm{m}$、$d=3\,\mathrm{m}$、$d'=2\,\mathrm{m}$、$e=6\,\mathrm{m}$、$e'=4\,\mathrm{m}$、$f=1.5\,\mathrm{m}$ 和 $f'=1\,\mathrm{m}$。计算域的六个边界由四个完美电导体边界和两个辐射边界组成。集中器的内、外边界设置为连续边界。计算域的长、宽、高分别为 25m、20m 和 10m。图 4-28(a)～(c) 为 0.06GHz 沿 x 轴正向入射平面波激励下集中器附近的电场分布。其中，图 4-28(a) 为三维视图，图 4-28(b) 为 xOy 平面视图，图 4-28(c) 为 xOz 平面视图。由图可以看出，平面波传播至集中器时会自然地向核心区会聚。为了更直观地说明三维均匀参数集中器的会聚效果，模拟了与图 4-28(a)～(c)相应的功率流分布，仿真结果如图 4-28(d)～(f) 所示。由图可知，核心区内的功率流密度大约为 $0.024\mathrm{W/m^2}$，而自由空间为 $0.01\mathrm{W/m^2}$。显然，核心区内的功率流增强了，该区的电磁能量密度最大。

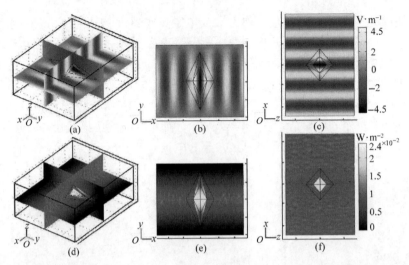

图 4-28　平面波激励下三维均匀参数电磁集中器附近的电场分布及其相应的功率流分布

(a) 三维视图；(b) xOy 平面视图；(c) xOz 平面视图；(d)~(f) 是与 (a)~(c) 相应的功率流分布

4.3　电磁透明体

与电磁斗篷和集中器不同，电磁透明体对入射电磁波是完全透明的，其在天线保护中有重要应用[14-16]。在本节中，将对圆柱形、任意形状和均匀参数电磁透明体进行介绍。

4.3.1　圆柱形透明体

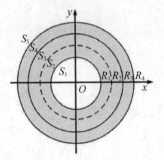

图 4-29　圆柱形电磁透明体模型示意图[14]

圆柱形电磁透明体[14]的模型示意图如图 4-29 所示。从内到外半径分别为 R_1、R_2、R_3 和 R_4 的圆将整个虚拟空间划分成 S_1（$0 < r < R_1$）、S_2（$R_1 < r < R_2$）、S_3（$R_2 < r < R_3$）、S_4（$R_3 < r < R_4$）和 S_5（$r > R_4$）五个区域。为了实现电磁透明，需要进行两步坐标变换：首先，将虚拟空间中的区域 S_2 沿径向扩展成物理空间中的区域 S_2 和 S_3；然后，将虚拟空间中的区域 S_3 和 S_4 沿径向压缩成物理空间中的区域 S_4。将经扩展过程得到的区域 S_2 和 S_3 定义为扩展区，而将经压缩过程得到的区域 S_4 定义为压缩区。

由上述坐标变换过程，可很容易求出圆柱坐标系下该透明体扩展区和压缩区的变换函数，具体为

$$r' = k_1 r + k_2 , \quad \theta' = \theta , \quad z' = z \tag{4-25}$$

式中，$k_1 = (\tau - R_3)/(\tau - R_2)$ 和 $k_2 = \tau(1 - k_1)$。值得一提的是：对于扩展区，$\tau = R_1$；对于压缩区，$\tau = R_4$。图 4-30(a) 和 (b) 分别给出了 1GHz 平面波和柱面波激励下圆柱形电磁透明体附近的电场分布。透明体的几何参数选择为 $R_1 = 0.1$ m，$R_2 = 0.15$ m，$R_3 = 0.2$ m 和 $R_4 = 0.3$ m。平面波从左向右传播，产生柱面波的点源放置于 (-0.45m，-0.45m) 处。由图可以看出，无论是平面波还是柱面波激励，当电磁波传播至透明体时，其波形都会发生有规律的弯曲，而当其穿过电磁透明体后又都能在前端完美恢复出原入射波前，所以该电磁器件对入射电磁波是透明的。

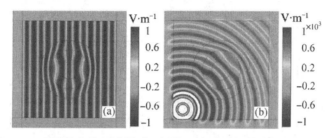

图 4-30　平面波和柱面波激励下圆柱形电磁透明体附近的电场分布

(a) 平面波；(b) 柱面波

4.3.2　任意形状透明体

任意形状电磁透明体可分为共形和非共形两种情况。

对于共形任意形状电磁透明体，其模型如图 4-31 所示。图中边界曲线 $aR(\theta)$、$bR(\theta)$、$cR(\theta)$ 和 $dR(\theta)$ 将整个虚拟空间划分成五个区域，即 S_1 [$0 < r < aR(\theta)$]、S_2 [$aR(\theta) < r < bR(\theta)$]、S_3 [$bR(\theta) < r < cR(\theta)$]、S_4 [$dR(\theta) < r < dR(\theta)$] 和 S_5 [$r > dR(\theta)$]。为了实现电磁透明，需要进行扩展和压缩变换，即将虚拟空间中的区域 S_2 沿径向扩展成物理空间中的区域 S_2 和 S_3，而将虚拟空间

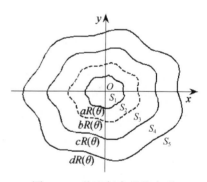

图 4-31　共形任意形状电磁透明体模型示意图

中的区域 S_3 和 S_4 沿径向压缩成物理空间中的区域 S_4。经过上述坐标变换，则圆柱坐标系下共形任意形状电磁透明体扩展区和压缩区的变换函数为

$$r' = k_1 r + k_2 \tau R(\theta)，\quad \theta' = \theta，\quad z' = z \tag{4-26}$$

式中，$k_1 = (\tau - c)/(\tau - b)$，$k_2 = 1 - k_1$。需要指出的是：对于扩展区，$\tau = a$；对于压缩区，$\tau = d$。据此可求得材料电磁参数表达式，详见文献[15]。图 4-32(a)～(c) 分别给出了椭圆形、正三边形及一般共形任意形状电磁透明体附近的电场分布。由图不难看出：在平面波激励下，电磁透明体都表现出了极好的透明效果。当电磁波照射到透明

体时，其会按照预先设定的路径进行传播，完美透射透明体并在前端恢复出原入射波前。因此，对外界来说，该器件似乎根本就不存在，具有视觉透明的特点。

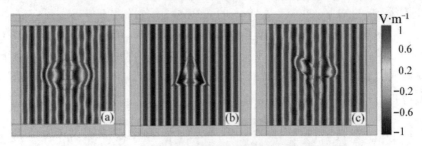

图 4-32　不同形状电磁透明体附近的电场分布

(a)椭圆形；(b)正三边形；(c)任意形状

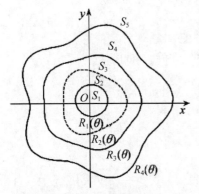

图 4-33　非共形任意形状电磁
透明体模型示意图

图 4-33 描述了非共形任意形状电磁透明体的模型示意图。图中从内到外各边界曲线方程依次为 $R_1(\theta)$、$R_2(\theta)$、$R_3(\theta)$ 和 $R_4(\theta)$。非共形任意形状电磁透明体的坐标变换过程与圆柱形和共形任意形状情况类似，在此不再赘述。该透明体扩展区和压缩区的变换函数为

$$r' = k_1 r + k_2 , \quad \theta' = \theta , \quad z' = z \qquad (4-27)$$

式中，$k_1 = [\tau(\theta) - R_3(\theta)]/[\tau(\theta) - R_2(\theta)]$，$k_2 = [R_3(\theta) - R_2(\theta)] \tau(\theta)/[\tau(\theta) - R_2(\theta)]$。需要指出的是：对于扩展区，$\tau(\theta) = R_1(\theta)$；对于压缩区，$\tau(\theta) = R_4(\theta)$。同理，可求得非共形任意形状电磁透明体的材料参数表达式和仿真结果。图 4-34(a) 和 (b) 分别给出了平面波和柱面波激励下一般非共形任意形状电磁透明体附近的电场分布。平面波从左向右传播，点源放置于 $(-2\mathrm{m}, -2\mathrm{m})$ 处产生柱面波。从图中可以看出，无论平面波还是柱面波激励，电磁波都能平滑地穿过透明体，并在前端极好地恢复到初始传播状态，透明效果十分完美。此外，非共形任意形状透明体的电磁透明特性不受入射方向的影响。

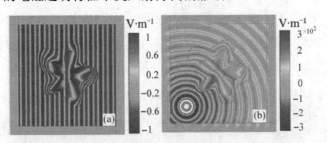

图 4-34　平面波和柱面波激励下非共形任意形状电磁透明体附近的电场分布

(a)平面波；(b)柱面波

4.3.3　均匀参数透明体

电磁透明体在电磁设备的保护中起着非常重要的作用，它既不会影响设备电磁信号的发送与接收，又能使设备免受外部恶劣环境的影响。另外，它也可以用于制备新型光学透明器件，如高透明度灯具、玻璃等。然而，前述的电磁透明体介电常数和磁导率空间分布相当复杂，以目前材料制备技术很难实现，因此其参数简化设计十分有必要。在这一节中，将基于正交方向线性变换对电磁透明体进行参数简化设计。

图 4-35 是二维均匀参数电磁透明体第一象限的坐标变换示意图。其中，图 4-35 (a)表示虚拟空间 (x, y)，图 4-35 (b) 表示过渡空间 (x', y')，图 4-35 (c) 表示物理空间 (x'', y'')。坐标变换过程分为两步：第一步 $(a) \to (b)$ 沿 x 方向线性扩展线段 Oe 至 Oe'，第二步 $(b) \to (c)$ 沿 y 方向线性扩展线段 Ob 至 Ob'。电磁透明体第一象限材料参数的推导过程详见文献[16]，在此不再展开。其余象限的材料参数可借助轴对称特性来求。显然，一旦透明体的几何参数给定，其各区域介电常数和磁导率的分布是均匀的，且没有奇异值。

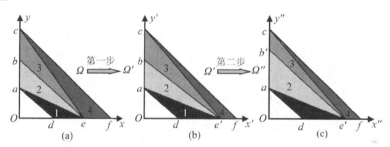

图 4-35　二维均匀参数电磁透明体坐标变换示意图

(a)虚拟空间；(b)过渡空间；(c)物理空间

图 4-36 (a)和 (b)分别描述了有、无透明体时金属圆柱体周边的电场分布。比较两幅图可以看出，透明体覆盖下金属圆柱体附近的电场分布与自由空间中的一样。也就是说，电磁透明体不会干扰其内部电磁设备的性能。为进一步研究电磁透明体在天线保护方面的可行性，图 4-36 (c)和 (d)分别给出了有、无透明体情况下喇叭天线附近的电场分布。很明显，透明体能在不影响辐射的前提下保护天线。

三维均匀参数电磁透明体被 x、y、z 轴分成八个卦限，其中第一卦限所对应的坐标变换示意图如图 4-37 所示。其中，图 4-37 (a)表示虚拟空间 (x, y, z)，图 4-37 (b)表示过渡空间一 (x', y', z')，图 4-37 (c)表示过渡空间二 (x'', y'', z'')，图 4-37 (d)表示物理空间 (x''', y''', z''')。坐标变换过程分为三步：第一步 $(a) \to (b)$ 沿 x 方向线性扩展线段 OD 至 OD'，第二步 $(b) \to (c)$ 沿 y 方向线性扩展线段 OE 至 OE'，第三步 $(c) \to (d)$ 沿 z 方向线性扩展线段 OF 至 OF'。为简洁起见，三维均匀参数电磁透明体的变换函数和相应材料电磁参数的表达式不再给出，详见文献[16]。

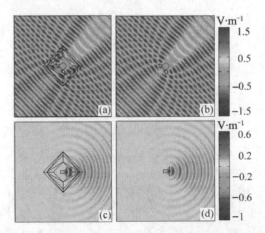

图 4-36　金属圆柱体和喇叭天线附近的电场分布

(a)和(c)有透明体的情况；(b)和(d)没有透明体的情况

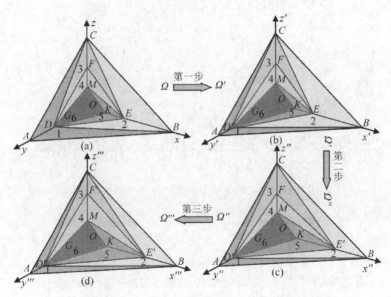

图 4-37　三维均匀参数电磁透明体坐标变换示意图

(a)虚拟空间；(b)过渡空间一；(c)过渡空间二；(d)物理空间

图 4-38(a)和(b)分别对应三维均匀参数电磁透明体附近电场分布的三维视图和 xOy 平面视图。由图可以清楚地看出，电磁透明体内被扭曲的波形能完美地恢复出来，且中间过程没有电磁能量损耗。为进一步研究电磁透明体的透明效果，模拟了有、无电磁透明体情况下金属球体周边的电场分布，相应 xOy 平面视图分别显示在图 4-38(c)和(d)中。显然，电磁透明体内金属刚性体的电场分布与其裸露于自由空间中时一样。因此，三维均匀参数透明体理论上可用作天线罩和增透膜等。

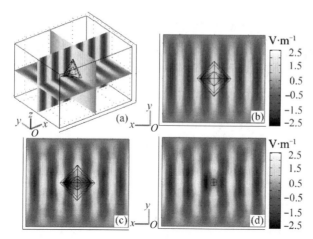

图 4-38　平面波激励下三维均匀参数电磁透明体附近的电场分布

(a)三维视图；(b)xOy 平面视图；(c)有和(d)没有电磁透明体情况下金属球体附近电场分布的 xOy 平面视图

4.4　电磁幻影装置

　　幻影装置是坐标变换的另一个典型应用，通过合理的参数设计使放置于内的物体呈现出与自身完全不同的电磁特性，从而使探测器无法获取物体的真实信息并产生误判，因此非常有趣[17-22]。在这一节中，将以本实验室前期研究工作为基础，介绍如下几种幻影装置的设计思路。

4.4.1　超散射体

　　基于变换电磁学和互补媒质理论，任意形状超散射体[18]可通过在小尺寸完美电导体表面覆盖上超材料层来实现，其仿真模型如图 4-39 所示。图中边界曲线 $aR(\theta)$、$bR(\theta)$ 和 $cR(\theta)$ 分别表示小尺寸完美电导体外边界、超材料层外边界和虚拟外边界。计算域最外边的完美匹配层用来吸收向外传播的电磁波并模拟无限大背景区域。超散射体能呈现出比自身实际尺寸大得多的散射横截面。为实现超散射，需要将虚拟空间中 $bR(\theta) < r < cR(\theta)$ 的区域折叠为物理空间中 $aR(\theta) < r' < bR(\theta)$ 的区域。

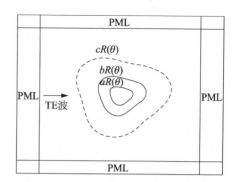

图 4-39　任意形状超散射体模型示意图

　　任意形状超散射体超材料层[$aR(\theta) < r' < bR(\theta)$]从虚拟空间到物理空间的变换函数定义为

$$r' = (bR(\theta))^2/r , \quad \theta' = \theta , \quad z' = z \tag{4-28}$$

超材料层介电常数和磁导率的张量表达式为

$$\varepsilon' = \mu' = \begin{bmatrix} (a_1^2 + a_2^2)/(a_1b_2 - a_2b_1) & (a_1b_1 + a_2b_2)/(a_1b_2 - a_2b_1) & 0 \\ (a_1b_1 + a_2b_2)/(a_1b_2 - a_2b_1) & (b_1^2 + b_2^2)/(a_1b_2 - a_2b_1) & 0 \\ 0 & 0 & 1/(a_1b_2 - a_2b_1) \end{bmatrix} \tag{4-29}$$

式中，$a_1 = [-2b^2R(\theta)R'(\theta)xy + b^2r^2R^2(\theta) - 2b^2R^2(\theta)x^2]/r^4$，$a_2 = [2b^2R(\theta)R'(\theta)x^2 - 2b^2R^2(\theta)xy]/r^4$，$b_1 = [-2b^2R(\theta)R'(\theta)y^2 - 2b^2R^2(\theta)xy]/r^4$，$b_2 = [2b^2R(\theta)R'(\theta)xy + b^2r^2R^2(\theta) - 2b^2R^2(\theta)y^2]/r^4$。式(4-29)给出了实现任意形状超散射体所需材料电磁参数的通用表达式。与前述的电磁斗篷、集中器和透明体类似，通过选择不同的基本边界曲线方程 $R(\theta)$，便可很容易设计出不同形状的超散射体。以椭圆形、正四边形及一般任意形状超散射体为例，其周边的电场分布分别显示在图 4-40(a)~(c) 中。超散射体由边界曲线方程为 $aR(\theta)$ 的小尺寸完美电导体和超材料层 [$aR(\theta) < r < bR(\theta)$] 构成，且假定 $4a = 2b = c$。图 4-40(d)~(f) 是与图 4-40(a)~(c) 相对应的边界曲线方程为 $cR(\theta)$ 的大尺寸完美电导体周边的电场分布。通过对比两组图不难发现，尽管超散射体的尺寸仅仅是大尺寸完美电导体的一半，但在 $r > bR(\theta)$ 的区域，两种情况的电场分布一模一样。这就意味着，小尺寸超散射体与大尺寸完美电导体具有相同的散射横截面。

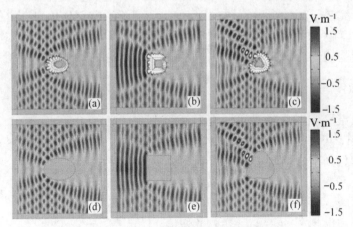

图 4-40　不同形状超散射体附近的电场分布

(a)椭圆形；(b)正四边形；(c)任意形状；(d)~(f)是与(a)~(c)相对应的大尺寸完美电导体附近的电场分布

事实上，实现超散射体的变换函数并不唯一。下面将引入另外两种变换函数来设计超散射体，一种是线性变换函数：

$$r' = (a-b)r/(c-b) + (c-a)bR(\theta)/(c-b) , \quad \theta' = \theta , \quad z' = z \tag{4-30}$$

另一种是非线性变换函数：

$$r' = b^{m+1}(1 + a/r)^m/(a+b)^m , \quad \theta' = \theta , \quad z' = z \tag{4-31}$$

式中，m 为可调因子，这里假定为 3。两种变换函数对应超散射体的材料电磁参数可很容易求出，为简洁起见，不再给出。基于不同变换函数的圆柱形超散射体的电磁特性仿真结果如图 4-41 所示。图 4-41 (a)～(c) 分别给出了根据式 (4-30)～式 (4-31) 设计得到的超散射体周边的电场分布。圆柱形小尺寸完美电导体的半径为 0.05 m，覆盖在其表面的超材料层介于半径为 0.05 m 和 0.1 m 的两圆之间。图 4-41 (d)～(f) 分别描述了半径为 0.15m、0.2m 和 0.237m 的圆柱形大尺寸完美电导体附近的电场分布。通过将图 4-41 (a)～(c) 和图 4-41 (d)～(f) 两两进行比较不难看出，在 $r > 0.15\,\mathrm{m}$、$r > 0.2\,\mathrm{m}$ 和 $r > 0.237\,\mathrm{m}$ 的区域，图 4-41 (a) 和 (d)、图 4-41 (b) 和 (e)、图 4-41 (c) 和 (f) 的电场分布重叠得很好。换句话说，基于式 (4-28) 和式 (4-31) 的非线性变换超散射体具有大于基于式 (4-30) 的线性变换超散射体的散射横截面，其原因是非线性变换会引起更强的表面模共振。

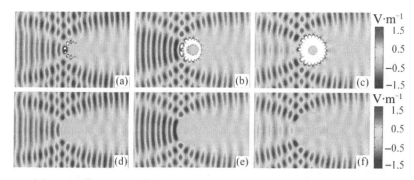

图 4-41　基于不同变换函数设计的圆柱形超散射体附近的电场分布

(a) 式 (4-30)；(b) 式 (4-28)；(c) 式 (4-31)；(d)～(f) 是与 (a)～(c) 相对应的大尺寸完美电导体附近的电场分布

4.4.2　超吸收体

基于变换电磁学和互补媒质理论，任意形状超吸收体[19]可通过在有损耗物体的表面覆盖上超材料层来实现，其仿真模型可参见图 4-39。此时，图中边界曲线 $aR(\theta)$、$bR(\theta)$ 和 $cR(\theta)$ 分别表示有损耗物体外边界、超材料层外边界和虚拟外边界。超材料层用来放大倏逝波，进而引起强烈的吸收，其设计过程与 4.4.1 节中介绍的超散射体相同，为避免重复，不再赘述。超吸收体能使自身的吸收横截面远远大于实际尺寸。

椭圆形、正四边形和任意形状电磁超吸收体周边的电场分布分别如图 4-42 (a)～(c) 所示。超吸收体由边界曲线方程为 $aR(\theta)$ 的小尺寸有损耗物体 ($\varepsilon_c' = -(1-\mathrm{i})\varepsilon'$，$\mu_c' = -(1-\mathrm{i})\mu'$) 和介于 $aR(\theta) < r < bR(\theta)$ 的超材料层组成。图 4-42 (d)～(f) 给出了与图 4-42 (a)～(c) 相对应的边界曲线方程为 $cR(\theta)$ 的大尺寸有损耗物体 ($\varepsilon_c = \mu_c = 1-\mathrm{i}$) 附近的电场分布。比较两组图可很容易看出，尽管超吸收体的尺寸仅是大尺寸有损耗物体的一半，但二者在 $r > bR(\theta)$ 的区域电场分布是一样的。也就是说，大尺寸有损耗物体可以用小尺寸超吸收体来替代。此外，研究发现，与线性变换超吸收体相比，非线性变换超吸收体会引起更强的表面模共振并使倏逝波迅速放大，进而使超吸收体具有较大的吸收横截面，仿真结果如图 4-43 所示。

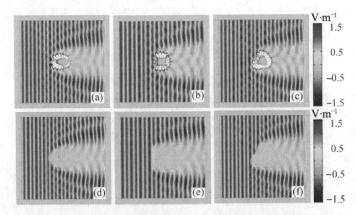

图 4-42　不同形状超吸收体附近的电场分布

(a)椭圆形；(b)正四边形；(c)任意形状；(d)～(f)是与(a)～(c)相对应的大尺寸有损耗物体附近的电场分布

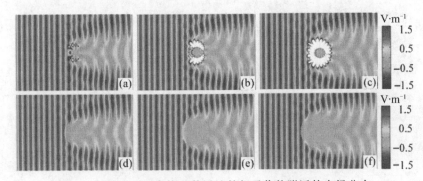

图 4-43　基于不同变换函数设计的超吸收体附近的电场分布

(a)式(4-30)；(b)式(4-28)；(c)式(4-31)；(d)～(f)是与(a)～(c)相对应的大尺寸有损耗物体附近的电场分布

4.4.3　缩小装置

电磁缩小装置的概念由崔铁军教授带领的课题组率先提出[20]，这种装置能依据人们意愿将物体按任意比例缩小，使得物理空间中放置于电磁缩小装置内大尺寸的物体与虚拟空间中小尺寸物体的电磁特性相同，从而达到迷惑雷达或其他电磁探测器的目的，并使其产生误判。因此，该装置在军事方面的应用前景并不亚于电磁斗篷，它能使敌方产生假象，并使我方真实军事实力得到很好的伪装，从而提高了我方战术的灵活性，确保了战略优势。

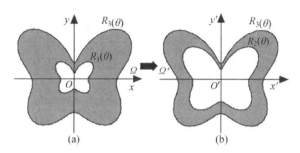

图 4-44　任意形状电磁缩小装置坐标变换示意图

(a)虚拟空间；(b)物理空间

图 4-44 为任意形状电磁缩小装置的坐标变换示意图，其中图 4-44(a)和(b)分别对应虚拟空间和物理空间。为了设计该器件，需要沿径向作如下变换：首先，将虚拟空间中 $0 < r < R_1(\theta)$ 的区域扩展为物理空间中 $0 < r' < R_2(\theta)$ 的区域；其次，将虚拟空间中 $R_1(\theta) < r < R_3(\theta)$ 的区域压缩为物理空间中 $R_2(\theta) < r' < R_3(\theta)$ 的区域。任意形状电磁缩小装置从虚拟空间到物理空间的变换函数定义为

$$r' = k_1 r + k_2 , \quad \theta' = \theta , \quad z' = z \tag{4-32}$$

式中，$k_1 = [R_3(\theta) - R_2(\theta)] / [R_3(\theta) - R_1(\theta)]$ 和 $k_2 = [R_2(\theta) - R_1(\theta)]R_3(\theta) / [R_3(\theta) - R_1(\theta)]$。通过选择不同的边界曲线方程，便可设计出不同形状的电磁缩小装置。

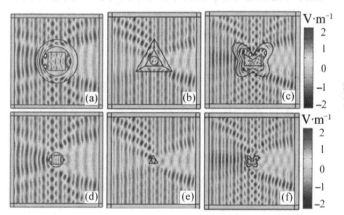

图 4-45　不同形状缩小装置对不同物体的幻影效果

(a)圆柱形；(b)正三边形；(c)任意形状；(d)～(f)是与(a)～(c)相对应的小尺寸等效虚拟物附近的电场分布

图 4-45(a)～(c)分别描述了圆柱形缩小装置对大尺寸正方形物体、正三边形缩小装置对大尺寸圆柱形物体及任意形状缩小装置对大尺寸凹形物体的幻影效果。图 4-45(d)～(f)是与图 4-45(a)～(c)相对应的小尺寸等效虚拟物周边的电场分布。虚拟物由一个与大尺寸物体外形相同但材料电磁参数为 $\varepsilon_v = [R_2(\theta)/R_1(\theta)]^2 \varepsilon_{in}$ 和 $\mu_v = \mu_{in}$ 的小尺寸物体和一个材料参数为 $\varepsilon_s = [R_2(\theta)/R_1(\theta)]^2$ 的小尺寸电介质区构成。其中，ε_{in} 和 μ_{in} 分别为大尺寸物体的介电常数和磁导率。显而易见，大尺寸物体放置于电磁缩小

装置内时其周边的电场分布与相应小尺寸等效虚拟物的电场分布是一样的。这表明缩小装置确实能将一个大尺寸的物体按照预先设定的比例虚拟缩小为一个小尺寸的物体。因此，电磁缩小装置在军事伪装中的潜在应用价值是毋庸置疑的，它能有效减小大军事目标的散射横截面，从而提高军事目标的欺骗性。

由式(4-32)不难发现，基于径向变换的电磁缩小装置具有非均匀各向异性的材料电磁参数分布。但类似于前述的均匀参数电磁集中器和电磁透明体，通过沿正交方向进行线性变换，电磁缩小装置的材料参数也可得到简化，详见文献[21]。图 4-46(a)和(b)分别给出了没有和有二维均匀参数电磁缩小装置情况下大尺寸圆柱形物体附近的电场分布。显然，缩小装置完全改变了大尺寸圆柱形物体周边的电场分布。为便于比较，仿真了小尺寸等效虚拟物附近的电场分布，结果如图 4-46(c)所示。对比图4-46(b)和(c)不难看出，在缩小装置的外部，两种情况的电场分布一模一样。也就是说，二维均匀参数电磁缩小装置能使大尺寸圆柱形物体与预先设定了材料参数的小尺寸等效虚拟物呈现出相同的场分布。同理，三维均匀参数电磁缩小装置也可很容易设计，其相应仿真结果如图 4-47 所示。

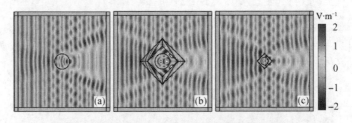

图 4-46　二维均匀参数缩小装置的仿真结果
(a)大尺寸圆柱形物体附近的电场分布；(b)缩小装置对圆柱形物体的幻影效果；
(c)小尺寸等效虚拟物附近的电场分布

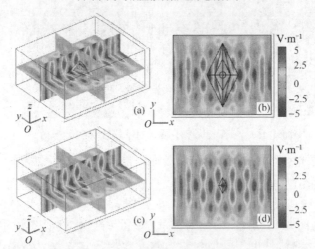

图 4-47　大尺寸电介质球放置于三维均匀参数缩小装置内时和小尺寸等效虚拟物附近的
电场分布的三维视图和 xOy 平面视图
(a)大尺寸三维视图；(b)大尺寸 xOy 平面视图；(c)小尺寸三维视图；(d)小尺寸 xOy 平面视图

基于正交方向线性变换，分块均匀的材料电磁参数分布能在一定程度上降低缩小装置的构造难度，但不可否认其参数仍然是各向异性的。为进一步探索缩小装置的实现，探讨了其各向同性分层实现方法。

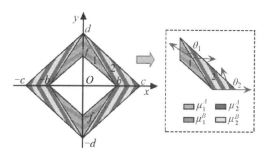

图 4-48　二维均匀参数电磁缩小装置各向同性分层实现示意图

为便于讨论但不失一般性，仅考虑 TE 波激励下二维均匀参数电磁缩小装置的各向同性分层实现，仿真模型如图 4-48 所示。图中右边方框内的插图是对第一象限各区域的放大显示。为了消除材料参数的各向异性，首先需要将连续变化的区域离散成 N 层，然后每一层再划分成两个子层，每个子层填充一种各向同性的材料。根据有效媒质理论，当且仅当层状结构的分层数足够多以至于每一个子层的厚度远远小于入射波的波长时，参数的各向异性就可以用两种各向同性材料交替而成的层状结构近似等效了。以区域 1 和 2 为例，各向同性材料电磁参数的推导过程描述如下。对于 TE 波，电场沿 z 轴方向，材料介电常数和磁导率的张量中仅 μ'_{xx}、μ'_{xy}、μ'_{yx}、μ'_{yy} 和 ε'_{zz} 五个分量与传播模式有关。由于二维均匀参数电磁缩小装置的磁导率张量是对称的，存在旋转变换可以将这些对称张量映射成对角张量，具体转换关系如下：

$$\begin{bmatrix} \mu_{iu} & 0 & 0 \\ 0 & \mu_{iv} & 0 \\ 0 & 0 & \varepsilon_{iz} \end{bmatrix} = \begin{bmatrix} \cos\theta & \sin\theta & 0 \\ -\sin\theta & \cos\theta & 0 \\ 0 & 0 & 1 \end{bmatrix} \begin{bmatrix} \mu'_{ixx} & \mu'_{ixy} & 0 \\ \mu'_{ixy} & \mu'_{iyy} & 0 \\ 0 & 0 & \varepsilon'_{izz} \end{bmatrix} \begin{bmatrix} \cos\theta & -\sin\theta & 0 \\ \sin\theta & \cos\theta & 0 \\ 0 & 0 & 1 \end{bmatrix} \quad (4\text{-}33)$$

式中，θ 是沿逆时针方向相对于 x 轴正半轴的旋转角。通过对式(4-33)进行简化，旋转后电磁缩小装置第一象限各区域材料参数的对角张量可由如下方程决定：

$$\mu_{iu} = \left(\mu'_{ixx} + \mu'_{iyy} + \sqrt{(\mu'_{ixx} - \mu'_{iyy})^2 + 4\mu'^2_{ixy}} \right) \Big/ 2 \quad (4\text{-}34a)$$

$$\mu_{iv} = \left(\mu'_{ixx} + \mu'_{iyy} - \sqrt{(\mu'_{ixx} - \mu'_{iyy})^2 + 4\mu'^2_{ixy}} \right) \Big/ 2 \quad (4\text{-}34b)$$

$$\varepsilon_{iz} = \varepsilon'_{izz} \quad (4\text{-}34c)$$

式中，i=1，2 分别表示区域 1 和 2。此外，旋转角 θ 与磁导率对称张量之间的关系可表示为

$$\tan(2\theta_i) = 2\mu'_{ixy} / (\mu'_{ixx} - \mu'_{iyy}) \quad (4\text{-}35)$$

假定二维层状电磁缩小装置各区域都分成 N 层，而每一层又由两个子层构成且每个子层的厚度完全相同，则各区域中交替的两种各向同性材料的电磁参数具有如下形式：

$$\mu_i^A = \mu_{iu} + \sqrt{\mu_{iu}(1-\mu_{iv})}, \quad \mu_i^B = \mu_{iu} - \sqrt{\mu_{iu}(1-\mu_{iv})}, \quad \varepsilon_i' = \varepsilon_{izz} \tag{4-36}$$

尽管上述分析只局限于二维电磁缩小装置的情况，但实际上对于更为复杂的三维情况，其分层实现方法也是类似的。二维层状电磁缩小装置第一象限各区域所需各向同性材料的电磁参数和旋转角可很容易求出。其他象限各区域的求解过程是类似的，在此不再展开。有趣的是，与图 4-48 中所描述的一样，二维层状电磁缩小装置只需用四种各向同性的材料即可实现。仿真时，层状电磁缩小装置四个象限涉及的八个区域均分成 10 层。当然，理论上分层数越多，层状电磁缩小装置的性能越接近理想状况。但实际上，当分层数 $N \geq 10$ 时，装置的性能就已趋于完美。

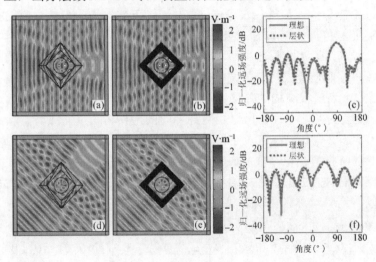

图 4-49　平面波入射角为 0° 时不同缩小装置对大尺寸圆柱形物体的幻影效果

(a) 理想装置；(b) 层状装置；(c) 归一化远场分布比较；(d)～(f) 是与 (a)～(c) 相对应的入射角为 45° 时的仿真结果

图 4-49(a) 和 (b) 分别给出了平面波入射角为 0° 时，大尺寸圆柱形物体放置于理想和层状电磁缩小装置内时其周边的电场分布。仔细对比这两幅图不难发现，理想和层状缩小装置覆盖下大尺寸圆柱形物体附近的电场分布几乎没有区别。同时，这也间接验证了各向同性分层实现方法的正确性和有效性。为定量评估二维层状缩小装置的性能，对上述两种情况的归一化远场强度进行了比较，结果如图 4-49(c) 所示。由图可以清楚地看出，远场分布重叠得很好。细微的差别与层状电磁缩小装置尖角处网格的疏密程度有关，其可通过进一步细化网格来改善，但需要注意的是，此过程会占用大量的内存并花费较多的计算时间。此外，考虑到二维层状缩小装置的设计过程与旋转角有关，因此有必要开展不同入射角对装置性能影响的研究。图 4-49(d) 和 (e) 分别描

述了平面波入射角为 45° 时理想和层状缩小装置覆盖下大尺寸圆柱形物体周边的电场分布，图 4-49(f) 是与这种情况相对应的归一化远场分布。显而易见，无论平面波是水平入射还是斜入射，二维层状缩小装置的性能都可与理想情况相媲美。

4.4.4　放大装置

电磁放大装置的概念由刘少斌教授带领的课题组率先提出[22]，该装置与电磁缩小装置功能相反，能够将物体按任意比例进行放大，其在小目标识别和检测中有潜在应用。图 4-50 是二维圆柱形电磁放大装置的坐标变换示意图。其中，图 4-50(a) 和 (b) 分别表示物理空间和虚拟空间。为了实现电磁放大，需要将虚拟空间中 $0<r<c$ 的区域沿径向压缩为物理空间中 $0<r'<a$ 的区域，而将虚拟空间中的 $c<r<b$ 区域沿径向扩展为物理空间中 $a<r'<b$ 的区域。通过上述坐标变换，物理空间中放大装置内的一个小尺寸物体将与虚拟空间中电介质区内的一个大尺寸物体光学等效。因此，对于装置外部的电磁探测器来说，其探测到两种情况的电场分布是完全一样的。

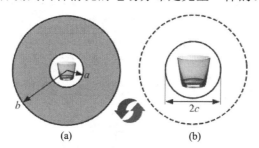

图 4-50　二维圆柱形电磁放大装置坐标变换示意图

(a) 物理空间；(b) 虚拟空间

假定虚拟空间到物理空间通过线性函数映射，则根据上述坐标变换过程引入边界条件 $r=c$，$r'=a$ 和 $r=r'=b$，变换函数可求得为

$$r' = k_1(r-c) + a，\quad \theta' = \theta，\quad z' = z \tag{4-37}$$

式中，$k_1 = (b-a)/(b-c)$。相应的材料电磁参数表达式为

$$\varepsilon' = \mu' = \begin{bmatrix} A\cos^2\theta + B\sin^2\theta & (A-B)\sin\theta\cos\theta & 0 \\ (A-B)\sin\theta\cos\theta & B\cos^2\theta + A\sin^2\theta & 0 \\ 0 & 0 & A/k_1^2 \end{bmatrix} \tag{4-38}$$

式中，$A = (r'-a+k_1 c)/r'$，$B = r'/(r'-a+k_1 c)$。放大装置能将放置在内部的小尺寸物体虚拟放大 c/a 倍，并使其呈现出与大尺寸等效虚拟物相同的场分布。若小尺寸物体的介电常数和磁导率分别为 ε_{in} 和 μ_{in}，则大尺寸物体的材料电磁参数为 $\varepsilon_v = (a/c)^2 \varepsilon_{\text{in}}$ 和 $\mu_v = \mu_{\text{in}}$，而大尺寸物体周边电介质区的材料参数为 $\varepsilon_z = (a/c)^2$ 和 $\mu_s = 1$。下面，以一实例来验证放大装置对小尺寸物体的虚拟放大效果。将一个小尺寸有微弱材料损耗

的电介质方块放置于放大装置内。图 4-51(a) 和 (b) 分别描述了在没有和有放大装置的情况下小尺寸电介质方块附近的电场分布。显然，两种情况的电场分布完全不一样。为进行比较，模拟了大尺寸等效虚拟物周边的电场分布，仿真结果如图 4-51(c) 所示。不难发现，在放大装置的外部，图 4-51(b) 和 (c) 的电场分布是一致的。因此，放大装置内小尺寸电介质方块与预先设定好材料参数的大尺寸电介质方块具有相同的电磁特性。为进一步说明放大装置的虚拟放大效果，图 4-52 给出了与图 4-51(b) 和 (c) 相对应的归一化远场分布。从图中可以看出，两种情况的归一化远场分布很好地重叠在一起。

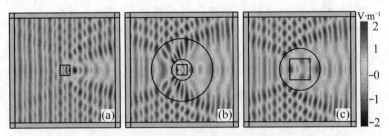

图 4-51　放大装置的仿真结果

(a) 小尺寸物体附近的电场分布；(b) 放大装置对小尺寸物体的幻影效果；(c) 大尺寸等效虚拟物附近的电场分布

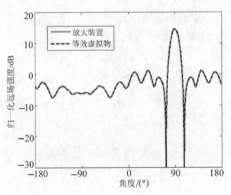

图 4-52　归一化远场分布比较

4.5　其他超材料电磁器件

超材料变换电磁器件种类繁多，除了前面介绍的四大类器件，下面将对完美透镜、波束调控器和波导调控器进行介绍。

4.5.1　完美透镜

通常情况下，用普通透镜只能观测到源点的大概信息，而源点的精细信息储存在倏逝波里。倏逝波进入透镜后，以 e 的负指数随距离衰减，所以使用普通透镜观测不到其上的精细信息，而完美透镜可以将倏逝波传递并放大，使人们观测到源点的精细信息，突破了衍射极限，可实现超分辨率成像，其对光学成像、微波医疗成像、无损伤探测有重大意义。2000 年，Pendry 等[23]指出基于左手材料的负折射特性制成的透镜可以实现对倏逝波的成像，不仅突破了普通透镜受制于电磁波波长的局限，而且能够实现二次聚焦效果，如图 4-53 所示。2008 年，Tsang 等[24]利用坐标变换理论设计了平面完美透镜、圆柱形完美透镜及椭圆形完美透镜。随后，Wang 等[25]在此研究基础上开展了数值仿真验证。

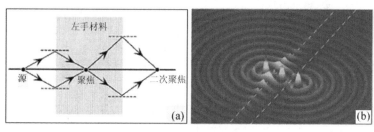

图 4-53　左手材料完美透镜

(a)成像原理；(b)成像效果[23]

平面完美透镜从虚拟空间到物理空间的坐标变换函数可表示为

$$x = \begin{cases} x' + b & x' < 0 \\ \delta x' + b & 0 \leqslant x' \leqslant b, \quad y = y', \quad z = z' \\ x' + \delta b & x' > b \end{cases} \tag{4-39}$$

式中，(x, y, z) 和 (x', y', z') 分别为虚拟空间和物理空间的坐标。相应的材料电磁参数为

$$\varepsilon' = \mu' = \begin{bmatrix} 1/\delta & 0 & 0 \\ 0 & \delta & 0 \\ 0 & 0 & \delta \end{bmatrix} \tag{4-40}$$

式中，δ 为取值很小的正数。特别地，当其趋近于零时，该透镜为理想的完美平面透镜。图 4-54 给出了理想完美平面透镜的仿真结果。其中，图 4-54(a) 表示平面完美透镜的归一化电场分布，图 4-54(b) 分别表示左侧源点面和右侧成像面的归一化电场分布。平板宽度 $b = 4\mu\text{m}$，TE 极化平面波沿 x 轴无失真地从平板的左侧传到右侧。由图 4-54(a) 可以看出，源点的所有信息，包括传播波分量和倏逝波分量都能被平板内各向异性的超材料沿 x 轴定向引导至右侧，并突破衍射极限在右侧完美成像。源点似乎移动了一段距离，但无论这段距离有多长，源点面和成像面的归一化电场分布都是一样的，如图 4-54(b) 所示。

圆柱形完美透镜的坐标变换示意图如图 4-55 所示。其中，图 4-55(a) 和 (b) 分别表示虚拟空间和物理空间。该透镜能放大携带源点亚波长信息的倏逝波，并使源点成像到某一个特定的面上。透镜的坐标变换过程分为两步：第一步将虚拟空间中的灰色区域 $0 < r < b$ 的区域压缩为物理空间中的 $0 < r' < a$ 区域；第二步将物理空间中的区域

$a < r < b$ 填充为常数表面 $r = b$，并使其可看作一个理想的圆柱形完美透镜，从而任何内表面 $r' = a$ 上辐射的电磁场都能被放大并完美传输到外表面 $r' = b$，如图 4-55（b）所示。

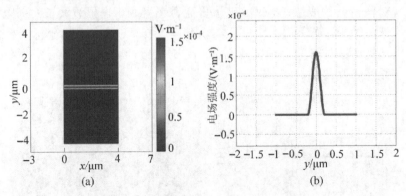

(a)

(b)

图 4-54　理想完美平面透镜的仿真结果

(a)平面完美透镜的归一化电场分布；(b)左侧源点面(实线)和右侧成像面(虚线)的归一化电场分布比较[25]

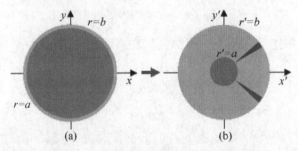

(a)

(b)

图 4-55　圆柱形完美透镜坐标变换示意图

(a)虚拟空间；(b)物理空间[25]

圆柱形完美透镜从虚拟空间到物理空间的坐标变换函数为

$$r = \begin{cases} (b/a)r' & 0 \leqslant r' < a \\ b & a \leqslant r' \leqslant b, \quad \theta = \theta', \quad z = z' \\ r' & r' > b \end{cases} \tag{4-41}$$

实现圆柱形完美透镜所需介电常数和磁导率的张量表达式为

$$\varepsilon' = \mu' = \begin{cases} \begin{bmatrix} 1 & 0 & 0 \\ 0 & 1 & 0 \\ 0 & 0 & (b/a)^2 \end{bmatrix} & 0 \leqslant r' \leqslant a \\ \begin{bmatrix} \infty & 0 & 0 \\ 0 & 0 & 0 \\ 0 & 0 & 0 \end{bmatrix} & a < r' \leqslant b \end{cases} \tag{4-42}$$

图 4-56 给出了圆柱形完美透镜的归一化电场分布。仿真时，源点面和成像面的

半径分别为 $a=1\mu m$ 和 $b=4\mu m$，入射电磁波的波长大于整个结构的尺寸。由图可以看出，理想圆柱形完美透镜能使电磁波无反射地从内表面传到外表面，且源点在成像面被放大了。另外，该完美透镜的角放大率不随内表面源点位置的改变而变化，仅依赖于 b 与 a 的比值。

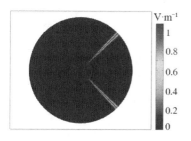

图 4-56　圆柱形完美透镜
归一化电场分布[25]

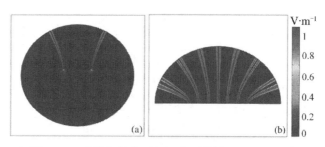

图 4-57　普通和具有平坦源点面的椭圆形完美透镜
归一化电场分布[25]

(a) 普通；(b) 具有平坦源点面

　　与圆柱形完美透镜相比，椭圆形完美透镜更为实用，它不仅可使源点面平坦，而且还与自由空间完美匹配。普通和具有平坦源点面的椭圆形完美透镜归一化电场分布分别见图 4-57(a) 和 (b)。两种透镜的具体设计过程可参见文献[25]，为简洁起见，在此不再给出。图 4-57(a) 中，与 y 轴对称的两个点源放置在源点面产生电磁波；图 4-57(b) 中，七对与 y 轴对称的点源放置在平坦源点面产生电磁波。由图 4-57(a) 可见，点源产生的电磁波沿着双曲线轨迹向外传播，并在椭圆外表面形成了两个放大的像。由图 4-57(b) 可以看出，与普通椭圆形完美透镜一样，具有平坦源点面的完美透镜也能使源点放大并在椭圆外表面成像。且值得注意的是，不同点源因其源点位置不同，其传播轨迹也不一样，因此相邻源点在成像面上所成的像是独立不相关的。

4.5.2　波束调控器

　　波束调控器能实现对波束的任意调控，是对基于坐标变换的多波束天线、波束偏移器、波束分离器、波束扩展器和压缩器的统称。下面将逐一进行介绍。

　　多波束天线是一种重要的高定向性天线，它能使电磁波沿着指定方向辐射并以高增益覆盖特定区域，提高了频谱利用率的同时有效避免电磁辐射对无关区域的侵害，因此其在雷达、卫星通信、无线通信等领域具有重要的应用价值。基于坐标变换的超材料多波束天线由 Yang 等提出[26]。以正六边形多波束天线为例，其坐标变换示意图如图 4-58 所示。为了设计多波

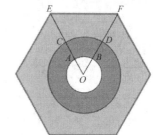

图 4-58　正六边形多波束天线
坐标变换示意图[26]

束天线，需要借助介于外圆和正六边形之间的超材料层将点源产生的柱面波转化为平

面波，因此多波束天线实际上也是一种波形转换器。以外接圆的圆心和每一边的两个端点为顶点将正六边形划分为六个三角形区域。假设内圆和外圆的半径分别为 a 和 b，三角形 OEF 的高为 c，则该区域从虚拟空间到物理空间的变换函数可表示为

$$x' = (cr - by)(r - a)x/[(b - a)ry] + bx/r \tag{4-43a}$$

$$y' = (cr - by)(r - a)/[(b - a)r] + by/r \tag{4-43b}$$

$$z' = z \tag{4-43c}$$

式中，(x, y, z) 和 (x', y', z') 分别表示虚拟空间和物理空间中点的坐标。相应区域的介电常数和磁导率张量表达式为

$$\varepsilon' = \mu' = \begin{bmatrix} (a_1^2 + a_2^2)/(a_1 b_2 - a_2 b_1) & (a_1 b_1 + a_2 b_2)/(a_1 b_2 - a_2 b_1) & 0 \\ (a_1 b_1 + a_2 b_2)/(a_1 b_2 - a_2 b_1) & (b_1^2 + b_2^2)/(a_1 b_2 - a_2 b_1) & 0 \\ 0 & 0 & 1/(a_1 b_2 - a_2 b_1) \end{bmatrix} \tag{4-44}$$

式中，$a_1 = (b^2 y^3 + cr^4 - acr^3 + cr^2 x^2 - br^3 y)/[(b - a)r^3 y]$，$a_2 = (acr^3 - b^2 y^3 - cr^2 x^2) x/[(b - a)r^3 y^2]$，$b_1 = (cr^2 - b^2 y^2)x/[(b - a)r^3]$，$b_2 = (cr^2 y - br^3 + b^2 x^2)/[(b - a)r^3]$。其他正多边形多波束天线的设计过程类似。图 4-59 给出了正六边形多波束天线的仿真结果。其中，图 4-59(a) 和 (b) 分别表示天线的近场和远场分布。点源放置于正六边形中心产生柱面波。由图可以看出，柱面波穿过超材料层后会转化为平面波并沿着特定方向向远方辐射，天线表现出很好的高定向特性，其波束数与多边形的边数相同，而辐射方向则沿着边的外法线方向，且每个波束的旁瓣都小于-13dB。

波束偏移器[27, 28]能对电磁波的传播路径进行有效引导，以使其绕射过需要保护的区域，从而使区域免受电磁波的照射，进而达到电磁屏蔽的目的，其模型示意图如图 4-60 所示。图中区域 1 和 3 表示普通的空气区域，区域 2 表示厚度为 d 的超材料层。对电磁波传播路径的引导通过改变区域 2 的等效材料参数分布来实现。

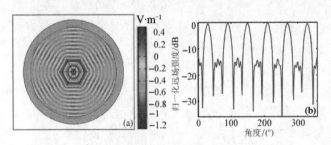

图 4-59　正六边形多波束天线的近场和远场分布[26]

(a)近场；(b)远场　　　　　　图 4-60　波束偏移器模型示意图[28]

区域 2 从虚拟空间到物理空间的变换函数表示为

$$x' = x, \quad y' = y + k(x - x_0), \quad z' = z \tag{4-45}$$

相应的材料电磁参数求得为

$$\varepsilon' = \mu' = \begin{bmatrix} 1 & k & 0 \\ k & k^2+1 & 0 \\ 0 & 0 & 1 \end{bmatrix} \qquad (4\text{-}46)$$

式中，k 为路径偏移率。将其设置为 1 时，波束偏移器周边的电场分布及相应的功率流分布分别显示在图 4-61(a) 和 (b) 中。由图可以看出，电磁波在区域 2 中超材料的引导下向上发生了偏移，绕射过了特定的保护区域，实现了对此区域的电磁屏蔽。值得一提的是，k 的取值决定了波的偏移程度。因此，在实际应用中，通过调整 k 的值，便可使不同尺寸的区域得到很好的保护。将区域 2 平均分成上、下两部分，并将上半部分 k 的值为 1，而将下半部分 k 的值设为 -1，则可设计出波束分离器[27, 28]，相应仿真结果如图 4-62 所示。从图中不难发现，入射高斯波在区域 2 的作用下沿着上、下两个方向发生了偏移，并最终分离成两束波束。

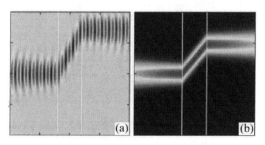

图 4-61　波束偏移器附近的电场分布
及功率流分布[28]

(a) 电场分布；(b) 功率流分布

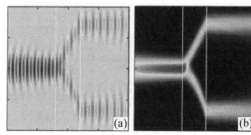

图 4-62　波束分离器附近的电场分布
及功率流分布[28]

(a) 电场分布；(b) 功率流分布

波束压缩器和扩展器[29]的坐标变换示意图如图 4-63 所示。其中，图 4-63(a) 和 (b) 分别表示波束压缩器的虚拟空间和物理空间，图 4-63(c) 和 (d) 分别对应波束扩展器的虚拟空间和物理空间。波束的压缩或扩展通过改变灰色区域的材料电磁参数分布来实现，该区域从虚拟空间到物理空间的坐标变换函数定义为

$$x' = x , \quad y' = y + (\eta-1)xy/a , \quad z' = z \qquad (4\text{-}47)$$

相应的介电常数和磁导率张量表达式为

$$\varepsilon' = \mu' = \frac{1}{1+(\eta-1)x/a} \begin{bmatrix} 1 & (\eta-1)y/a & 0 \\ (\eta-1)y/a & [(\eta-1)y/a]^2 + [1+(\eta-1)x/a]^2 & 0 \\ 0 & 0 & 1 \end{bmatrix} \qquad (4\text{-}48)$$

式中，a 为灰色区域的宽度，η 为调制系数。当 $0 < \eta < 1$ 时，表现为波束压缩；当 $\eta > 1$ 时，表现为波束扩展。

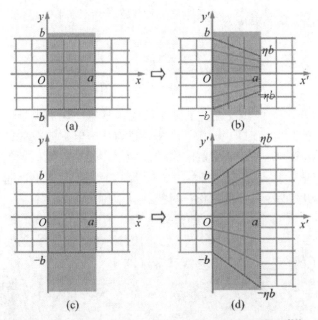

图 4-63　波束压缩器和波束扩展器坐标变换示意图[29]

(a)波束压缩器虚拟空间；(b)波束压缩器物理空间；(c)波束扩展器虚拟空间；(d)波束扩展器物理空间

图 4-64 给出了波束压缩器和波束扩展器的仿真结果。灰色区域的宽度为 $a = 3.33\lambda_0$，长度为 $h = 26.66\lambda_0$，其中 λ_0 是电磁波在自由空间中的波长。图 4-64(a)和(b)中，高斯波的波束宽度为 $w_0 = 5\lambda_0$，$\eta = 0.5$；图 4-64(c)和(d)中，波束宽度为 $w_0 = 3.33\lambda_0$，$\eta = 1.5$。由图可以看出，通过改变灰色区域的材料电磁参数分布可很容易实现对入射波的压缩和扩展。

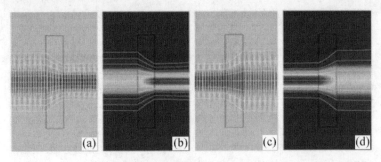

图 4-64　波束压缩器和波束扩展器附近的电场分布及功率流分布[29]

(a)波束压缩器电场分布；(b)波束压缩器功率流分布；(c)波束扩展器电场分布；(d)波束扩展器功率流分布

4.5.3　波导调控器

波导调控器通过在波导内填充超材料来实现对电磁场分布的任意调控，因其在工程领域具有十分可观的应用前景，近年来引起了人们的普遍关注。下面将介绍波导弯曲器和波导连接器。

图 4-65 是波导弯曲器[30]的坐标变换示意图，图中长方形区域 $ABCD$ 表示虚拟空间，弧形区域 $ABC'D'$ 表示物理空间。从虚拟空间到物理空间的变换函数定义为

$$x' = x\cos(\theta y/h)，\quad y' = x\sin(\theta y/h)，\quad z' = z \quad (4\text{-}49)$$

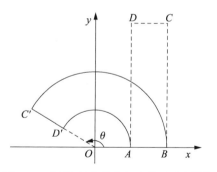

图 4-65　波导弯曲器坐标变换示意图[30]

式中，θ 为弯曲角度。实现波导弯曲器所需介电常数和磁导率的张量表达式为

$$\varepsilon' = \mu' = \begin{bmatrix} (x^2/r^2 + k^2 y^2)/kr & (1/r^2 - k^2)xy/kr & 0 \\ (1/r^2 - k^2)xy/kr & (y^2/r^2 + k^2 x^2)/kr & 0 \\ 0 & 0 & 1/kr \end{bmatrix} \quad (4\text{-}50)$$

式中，$k = \theta/h$。假设 $OA = a$，$OB = b$ 和 $BC = h$。波导弯曲器两个波端口的外边界和两边分别设置为完美匹配层和完美电导体边界。众所周知，没有填充超材料的波导弯曲器会对入射电磁波产生强烈的反射，波导内的场分布不规则。图 4-66 给出了具有不同弯曲角 θ 和长度 h 的波导弯曲器内填充了超材料时的电场分布。图 4-66(a) 中 $\theta = \pi/4$，$h = 4\lambda_0$；图 4-66(b) 中 $\theta = \pi/2$，$h = 4\lambda_0$；图 4-66(c) 中 $\theta = 3\pi/4$，$h = 8\lambda_0$；图 4-66(d) 中 $\theta = \pi$，$h = 8\lambda_0$。频率为 8GHz 的平面波从波导底部入射，对应自由空间的波长 $\lambda_0 = 37.5$ mm。此外，$a = 0.05$ m，$b = 0.15$ m。由图可以清楚地看出，电磁波完美地穿过波导弯曲器，且其传播过程中无能量损耗和无散射现象发生。

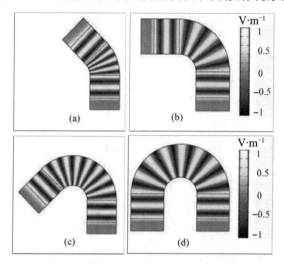

图 4-66　弯曲角 θ 和长度 h 不同时波导弯曲器的电场分布[30]

(a) $\theta = \pi/4$ 和 $h = 4\lambda_0$；(b) $\theta = \pi/2$ 和 $h = 4\lambda_0$；(c) $\theta = 3\pi/4$ 和 $h = 8\lambda_0$；(d) $\theta = \pi$ 和 $h = 8\lambda_0$

　　波导连接器[31]能实现不同截面口径、不同位置波导间电磁波的无反射传输，其模型示意图如图 4-67(a) 所示。图中左边和右边是两个不同截面口径、不同位置的矩形波导，中间部分则是需要设计的波导连接器。该连接器的左边和右边分别与相应的两个矩形波导截面连接并且口径相同，而连接器的边界函数可以根据实际需要任意选择，如图中实线所示。波导连接器的坐标变换示意图显示在图 4-67(b) 中。为了设计该器件，需要将虚拟空间中以 $ABCD$ 为边界的区域映射到物理空间中以 $AB'CD'$ 为边界的区域。

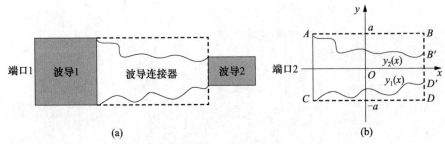

图 4-67　波导连接器模型示意图和坐标变换示意图[31]

(a)模型示意图；(b)坐标变换示意图

　　设 AC 的长度为 $2a$，且其中心位于 x 轴，上边界 AB' 的函数为 $y_1(x)$，下边界 CD' 的函数为 $y_2(x)$，则将上述空间映射写成数学表达式的形式，有

$$x' = x，\quad y' = [y_2(x) - y_1(x)]y/2a + [y_2(x) + y_1(x)]/2，\quad z' = z \tag{4-51}$$

式中，(x, y, z) 和 (x', y', z') 分别表示虚拟空间和物理空间中点的坐标。实现波导连接器所需介电常数和磁导率张量表达式为

$$\varepsilon' = \mu' = \begin{bmatrix} 2a/\tau & (y\psi + a\xi)/\tau & 0 \\ (y\psi + a\xi)/\tau & (y\psi + a\xi)^2/2a\tau + \tau/2a & 0 \\ 0 & 0 & 2a/\tau \end{bmatrix} \tag{4-52}$$

式中，$\tau = y_2(x) - y_1(x)$，$\psi = y_2'(x) - y_1'(x)$ 和 $\xi = y_2'(x) + y_1'(x)$。整个波导系统的左、右两边设置为波端口，其余边设置为完美电导体边界。在端口 1 处加激励源，频率设为 2GHz。图 4-68(a) 和 (b) 分别描述了无反射波导连接器和普通波导连接器的电场分布。由图 4-68(b) 可以看出，在不填充超材料的情况下，电磁波虽然能够实现从大波导到小波导的传输，但由于结构的变化，波导中存在反射，这不仅影响了波导中电磁场的分布情况，也降低了能量的传输效率。而在所设计的无反射波导连接器中，电磁波在连接器部分被均匀地压缩，从而能够无反射地从大波导传输小波导中，如图 4-68(a) 所示。

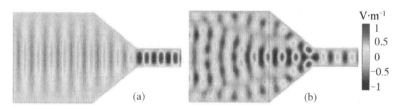

图 4-68　无反射和普通波导连接器的电场分布[31]

(a)无反射；(b)普通

参 考 文 献

[1] Pendry J B, Schurig D, Smith D R. Controlling electromagnetic fields [J]. Science, 2006, 312(5781): 1780-1782.

[2] Schurig D, Mock J J, Justice B J, et al. Metamaterial electromagnetic cloak at microwave frequencies [J]. Science, 2006, 314(5801): 977-980.

[3] Jiang W X, Chin J Y, Cui T J.Anisotropic metamaterial devices [J]. Mater. Today, 2009, 12(12): 26-33.

[4] Kundtz N B, Smith D R, Pendry J B.Electromagnetic design with transformation optics [J]. Proc. IEEE, 2011, 99(10): 1622-1633.

[5] Chen H Y, Chan C T, Sheng P. Transformation optics and metamaterials [J]. Nat. Mater., 2010, 9: 387-396.

[6] Li C, Li F. Two-dimensional electromagnetic cloaks with arbitrary geometries [J]. Opt. Express, 2008, 16(17): 13414-13420.

[7] Lai Y, Chen H Y, Zhang Z Q, et al. Complementary media invisibility cloak that cloaks objects at a distance outside the cloaking shell [J]. Phys. Rev. Lett., 2009, 102: 093901.

[8] Yang C F, Yang J J, Huang M, et al. An external cloak with arbitrary cross section based on complementary medium and coordinate transformation [J]. Opt. Express, 2011, 19(2): 1147-1157.

[9] Yang J J, Huang M, Yang C F, et al. Reciprocal invisibility cloak based on complementary media [J]. Eur. Phys. J. D, 2011, 6(13): 731-736.

[10] Rahm M, Schurig D, Roberts D A, et al. Design of electromagnetic cloaks and concentrators using form-invariant coordinate transformations of Maxwell's equations [J]. Photon. Nanostruct. Fundam. Appl., 2008, 6(1): 87-95.

[11] Yang J J, Huang M, Yang C F, et al. Metamaterial electromagnetic concentrators with arbitrary geometries [J]. Opt. Express, 2009, 17 (22): 19656-19661.

[12] Li W, Guan J G, Wang W. Homogeneous-materials-constructed electromagnetic field concentrators with adjustable concentrating ratio [J]. J. Phys. D: Appl. Phys., 2011, 44 (12): 125401.

[13] Li T H, Huang M, Yang J J, et al. Three dimensional electromagnetic concentrators with homogeneous material parameters [J]. Progress in Electromagnetics Research M, 2011, 18: 119-130.

[14] Yu G X, Cui T J, Jiang W X. Design of transparent structure using matamaterial [J]. J. Infrared Milli. Terahz. Waves, 2009, 30(6), 633-641.

[15] Yang C F, Yang J J, Huang M, et al. Electromagnetic cylindrical transparent devices with irregular cross section [J]. Radioengineering, 2010, 19(1): 136-140.

[16] Li T H, Huang M, Yang J J, et al. Diamond-shaped electromagnetic transparent devices with homogeneous material parameters [J]. J. Phys. D: Appl. Phys., 2011, 44(32): 325102.

[17] Lai Y, Ng J, Chen H Y, et al. Illusion optics: The optical transformation of an object into another object [J]. Phys. Rev. Lett., 2009, 102(25): 253902.

[18] Yang C F, Yang J J, Huang M, et al. Two-dimensional electromagnetic superscatterer with arbitrary geometries [J]. Comp. Mater. Sci., 2010, 49(4): 820-825.

[19] Yang J J, Huang M, Yang C F, et al. Metamaterial electromagnetic superabsorber with arbitrary geometries [J]. Energies, 2010, 3: 1335-1343.

[20] Jiang W X, Cui T J, Yang X M, et al. Shrinking an arbitrary object as one desires using metamaterials [J]. Appl. Phys. Lett., 2011, 98(20): 204101.

[21] Li T H, Huang M, Yang J J, et al. A novel method for designing electromagnetic shrinking device with homogeneous material parameters [J]. IEEE Trans. Magn., 2013, 49(10): 5280-5286.

[22] Wang S Y, Liu S B. Amplifying device created with isotropic dielectric layer [J]. Chin. Phys. B, 2014, 23(2): 024104.

[23] Pendry J B. Negative refraction makes a perfect lens [J]. Phys. Rev. Lett., 2000, 85(18): 3966-3969.

[24] Tsang M, Psaltis D. Magnifying perfect lens and superlens design by coordinate transformation [J]. Phys. Rev. B, 2008, 77: 035122.

[25] Wang W, Lin L, Yang X F, et al. Design of oblate cylindrical perfect lens using coordinate transformation [J]. Opt. Express, 2008, 16(11): 8094-8105.

[26] Yang Y, Zhao X M, Wang T J. Design of arbitrarily controlled multi-beam antennas via optical transformation [J]. J. Infrared. Milli. Terahz. Waves, 2009, 30(4): 337-348.

[27] Rahm M, Cummer S A, Schurig D, et al. Optical design of reflectionless complex media by finite embedded coordinate transformations [J]. Phys. Rev. Lett., 2008, 100: 063903.

[28] Zhai T R, Zhou Y, Zhou J, et al. Polarization controller based on embedded optical transformation [J]. Opt. Express, 2009, 17(20): 17206-17213.

[29] Xu X F, Feng Y J, Jiang T. Electromagnetic beam modulation through transformation optical structures [J]. New J. Phys., 2010, 10: 115027.

[30] Jiang W X, Cui T J, Zhou X Y, et al. Arbitrary bending of electromagnetic waves using realizable inhomogeneous and anisotropic materials [J]. Phys. Rev. E, 2008, 78: 066607.

[31] Zhang K, Wu Q, Meng F Y, et al. Arbitrary waveguide connector based on embedded optical transformation [J]. Opt. Express, 2010, 18(16): 17273-17279.

第5章 变换声学及其应用

变换声学[1]用空间的坐标变换来等效质量密度 ρ 和体积模量 κ 的变化，其为任意调控声场分布开辟了新的途径，变换声学是变换科学在声学中的分支。在本章中，将对封闭式声斗篷、声外斗篷、声集中器和其他一些典型的超材料声器件进行介绍。

5.1 封闭式声斗篷

5.1.1 圆柱形斗篷

圆柱形封闭式声斗篷[2]的模型示意图如图 5-1 所示，图中 a 和 b 分别表示斗篷的内径和外径。声斗篷的坐标变换过程与前述的封闭式电磁斗篷相同，为简洁起见，不再赘述。圆柱坐标系下，声斗篷从虚拟空间到物理空间的变换函数表示为

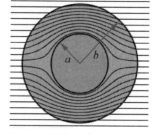

图 5-1 圆柱形封闭式声斗篷模型示意图

$$r'=(b-a)r/b+a, \quad \theta'=\theta, \quad z'=z \tag{5-1}$$

借助 $x'=r'\cos\theta'$ 和 $y'=r'\sin\theta'$，将式(5-1)转换为直角坐标系下的函数形式，有

$$x'=(b-a)x/b+ax/r, \quad y'=(b-a)y/b+ay/r, \quad z'=z \tag{5-2}$$

求出式(5-2)所对应的雅可比变换矩阵、转置矩阵和行列式，再代入式(3-26)，便可求出实现封闭式声斗篷所需材料参数的表达式，具体如下：

$$1/\rho'=\begin{bmatrix} A\cos^2\theta+B\sin^2\theta & (A-B)\sin\theta\cos\theta & 0 \\ (A-B)\sin\theta\cos\theta & B\cos^2\theta+A\sin^2\theta & 0 \\ 0 & 0 & Ab^2/(b-a)^2 \end{bmatrix}(1/\rho) \tag{5-3a}$$

$$\kappa'=\left[(b-a)^2/Ab^2\right]\kappa \tag{5-3b}$$

式中，$A=(r'-a)/r'$ 和 $B=r'/(r'-a)$，ρ 和 κ 分别对应虚拟空间的质量密度和体积模量。仿真在 COMSOL 软件的声学模块中进行。虚拟空间假定为水，其质量密度和体积模量分别为 $\rho=998 \text{ kg/m}^3$ 和 $\kappa=2.18\times10^9 \text{ Pa}$。仿真域的左、右两边设置为辐射边界，上、下两边设置为硬边界。声学平面波从左向右传播。图 5-2(a)描述了圆柱形刚性体裸露于自由空间时其周边的声场分布，图 5-2(b)是圆柱形封闭式声斗篷对刚性体的隐身效果。由图可以看出，在没有斗篷的情况下，刚性体的散射十分明显，从而外界很

容易探测到该物体的存在；而在斗篷的作用下，声波能平滑绕过刚性体并在前端完美重现原入射波前，从而物体能得到很好地隐藏。对于更为复杂的三维球形封闭式声学斗篷[3, 4]的情况，其设计过程类似，仿真结果显示在图 5-3 中。

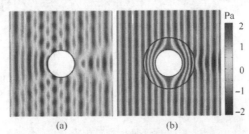

图 5-2　没有和有圆柱形封闭式声斗篷时圆柱形刚性体附近的声场分布
(a) 没有；(b) 有

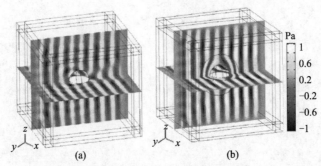

图 5-3　没有和有球形封闭式声斗篷时球形刚性体附近的声场分布[4]
(a) 没有；(b) 有

　　为消除材料参数的非均匀各向异性，紧接着以二维圆柱形声斗篷为例探讨了其分层实现方法。斗篷采用同心层状结构来实现[5]，分层思想如图 5-4 所示。首先，沿径向将 $a < r' < b$ 的区域分成 N 层以实现连续非均匀材料参数的阶梯式均匀近似；然后，每个均匀各向异性的层再由两个各向同性交替层组成。层 A、B 的材料参数（即 ρ_A，κ_A 和 ρ_B，κ_B）满足如下方程的形式：

$$\rho_r' = (\rho_A + \eta\rho_B)/(1+\eta) \tag{5-4a}$$

$$\rho_\theta' = (1/\rho_A + \eta/\rho_B)/(1+\eta) \tag{5-4b}$$

$$1/\kappa' = (1/\kappa_A + \eta/\kappa_B)/(1+\eta) \tag{5-4c}$$

式中，$\eta = d_A/d_B$ 是层 A、B 的厚度比，ρ_r' 和 ρ_θ' 为质量密度的对角张量，其与对称张量的关系为

$$\begin{bmatrix} 1/\rho_r' & 0 & 0 \\ 0 & 1/\rho_\theta' & 0 \\ 0 & 0 & 1/\rho_z' \end{bmatrix} = \begin{bmatrix} \cos\theta & \sin\theta & 0 \\ -\sin\theta & \cos\theta & 0 \\ 0 & 0 & 1 \end{bmatrix} \begin{bmatrix} 1/\rho_{xx}' & 1/\rho_{xy}' & 0 \\ 1/\rho_{yx}' & 1/\rho_{yy}' & 0 \\ 0 & 0 & 1/\rho_{zz}' \end{bmatrix} \begin{bmatrix} \cos\theta & -\sin\theta & 0 \\ \sin\theta & \cos\theta & 0 \\ 0 & 0 & 1 \end{bmatrix} \tag{5-5}$$

基于有效媒质理论，若每一层的厚度远远小于入射波的波长，则连续非均匀各向异性的材料参数可以用离散均匀各向同性的层状结构来近似等效。

图 5-5 描述了层状封闭式声斗篷附近的声场分布。通过将图 5-5 和图 5-2(b)进行比较不难发现，层状斗篷的隐身效果与理想情况相差不大。图中波形的轻微抖动由离散数值化方法引起，其可通过细化网格或增加分层数来改善。

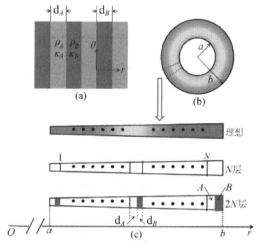

图 5-4　圆柱形封闭式声斗篷分层实现示意图[5]　　图 5-5　层状封闭式声斗篷附近的声场分布[5]

5.1.2　均匀参数斗篷

由 5.1.1 节易知，基于径向线性变换设计出来的封闭式声斗篷的材料参数是非均匀各向异性的。在这一节中，通过沿正交方向进行线性变换，设计了材料参数分块均匀的声斗篷。图 5-6 为二维均匀参数封闭式声斗篷[6]的坐标变换示意图。其中，图 5-6(a)为虚拟空间，图 5-6(b)为过渡空间，图 5-6(c)为物理空间。坐标变换过程分为两步：第一步沿 x 轴方向线性扩展线段 $2a$ 到 $2b$；第二步将线段 $2b$ 沿 y 轴方向线性拉伸扩展为一个菱形区域。

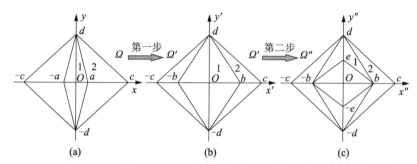

图 5-6　二维均匀参数封闭式声斗篷坐标变换示意图

(a)虚拟空间；(b)过渡空间；(c)物理空间

以第一象限为例，虚拟空间中区域 1 和 2 分别由三角形区域 aOd 和 acd 组成，如图 5-6(a) 所示。经过第一步坐标变换后，区域 1 扩展为区域 bOd，而区域 2 压缩为区域 bcd，如图 5-6(b) 所示。两区域从虚拟空间到过渡空间的变换函数可分别表示为

$$x' = \frac{b}{a}x, \quad y' = y, \quad z' = z \tag{5-6a}$$

$$x' = \frac{c-b}{c-a}x - \frac{c}{d}\frac{(a-b)}{(a-c)}y + \frac{c(a-b)}{a-c}, \quad y' = y, \quad z' = z \tag{5-6b}$$

第二步坐标变换中，过渡空间进一步映射到物理空间，区域 1 压缩为三角形区域 bde，而区域 2 保持不变。相应区域从过渡空间到物理空间的变换函数为

$$x'' = x', \quad y'' = -\frac{e}{b}x' + \frac{(d-e)}{d}y' + e, \quad z'' = z' \tag{5-7a}$$

$$x'' = x', \quad y'' = y', \quad z'' = z' \tag{5-7b}$$

将式 (5-6) 代入式 (5-7)，消去中间变量 x'、y' 和 z'，则区域 1 和 2 从虚拟空间到物理空间的变换函数可归纳为

$$x'' = \frac{b}{a}x, \quad y'' = -\frac{e}{a}x + \frac{(d-e)}{d}y + e, \quad z'' = z \tag{5-8a}$$

$$x'' = \frac{c-b}{c-a}x - \frac{c}{d}\frac{(a-b)}{(a-c)}y + \frac{c(a-b)}{a-c}, \quad y'' = y, \quad z'' = z \tag{5-8b}$$

二维均匀参数声斗篷的材料参数推导过程与 5.1.1 节的圆柱形斗篷类似，求解得到相应区域的材料质量密度和体积模量表达式为

$$1/\rho_1' = \begin{bmatrix} A/C & -B/C & 0 \\ -B/C & (B^2+C^2)/(AC) & 0 \\ 0 & 0 & 1/(AC) \end{bmatrix}(1/\rho), \quad \kappa_1' = AC\kappa \tag{5-9a}$$

$$1/\rho_2' = \begin{bmatrix} (D^2+E^2F^2)/D & -EF/D & 0 \\ -EF/D & 1/D & 0 \\ 0 & 0 & 1/D \end{bmatrix}(1/\rho), \quad \kappa_2' = D\kappa \tag{5-9b}$$

式中，$A = b/a$，$B = e/a$，$C = (d-e)/d$，$D = (c-b)/(c-a)$，$E = (a-b)/(a-c)$ 和 $F = c/d$。声斗篷其余象限的材料参数同理可求。显然，当斗篷的几何参数确定后，其各区域的材料参数即为恒定的常数值。图 5-7 给出了斗篷的材料参数分布，其中 a=0.2m，b=2m，c=4m，d=4m 和 e=2m，虚拟空间假设为水。由图可以看出，斗篷的参数分布呈现出分块均匀的特点，并具有很好的空间对称性。

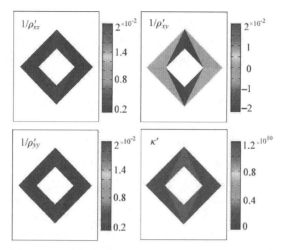

图 5-7 二维均匀参数封闭式声斗篷材料参数分布

为了验证斗篷的隐身效果，仿真了有、无斗篷时菱形刚性体附近的声场分布，结果分别如图 5-8(a) 和 (b) 所示。频率为 350Hz、幅值为 1Pa 的声学平面波从左向右传播。由图可以看出，裸露于水中的刚性体严重干扰了平面波的传播，并出现了明显的后场反射和锋利的阴影。而在斗篷作用下，平面波能平滑有规律地绕过刚性体，并在前端恢复出原入射波前，且其传播过程中几乎没有扰动，好像刚性体不存在一样。为定量评估斗篷的隐身效果，对上述两种情况在前向观察点 $x=0.3\text{m}$ 和后向观察点 $x=-3\text{m}$ 处沿 y 轴方向的散射场进行了比较，结果分别如图 5-8(c) 和 (d) 所示。仔细观察图不难发现，有斗篷情况下刚性体的前向和后向散射都小于无斗篷的情况。换句话说，菱形刚性体被很好地隐藏起来了。

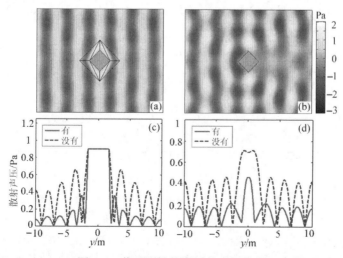

图 5-8 菱形刚性体附近的声场分布

(a) 有声斗篷的情况；(b) 没有声斗篷的情况；(c) $x=0.3\text{m}$ 和 (d) $x=-3\text{m}$ 处两种情况沿 y 轴方向的散射场比较

考虑到实际应用中激励源通常是未知的，因此有必要研究不同激励源对斗篷性能的影响。除了前面提及的平面波激励，还探讨了柱面波激励的情况，结果示于图 5-9 中。图 5-9(a) 和 (b) 中，产生柱面波的点源分别位于 (−9.5m, −7.5m) 处和 (10m, 7m) 处，功率为 0.001W/m²。由图可见，在柱面波斜入射情况下，声斗篷仍能正常工作。因此，二维均匀参数封闭式声斗篷的隐身效果不依赖于激励源的类型及其入射方向。

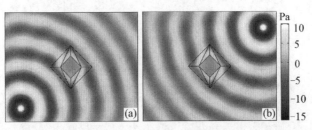

图 5-9　点源位置不同时二维均匀参数声斗篷对菱形刚性体的隐身效果

(a) 点源位置 (−9.5m, −7.5m)；(b) 点源位置 (10m, 7m)

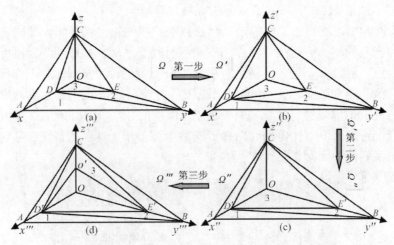

图 5-10　三维均匀参数封闭式声斗篷坐标变换示意图

(a) 虚拟空间；(b) 过渡空间一；(c) 过渡空间二；(d) 物理空间

为了更接近实际情况，还设计了基于正交方向线性变换的三维均匀参数封闭式声斗篷[6]。以第一卦限为例，斗篷的坐标变换示意图如图 5-10 所示，其中图 5-10(a)～(d) 分别为虚拟空间 (x,y,z)，过渡空间一 (x',y',z')，过渡空间二 (x'',y'',z'')，物理空间 (x''',y''',z''')。坐标变换过程分为三步：第一步 $(a) \rightarrow (b)$ 将线段 OD 沿 x 方向扩展到 OD'；第二步 $(b) \rightarrow (c)$ 将线段 OE 沿 y 方向扩展到 OE'；第三步 $(c) \rightarrow (d)$ 将点 O 沿 z 方向延伸至点 O'。假设 $OA=a$，$OB=b$，$OC=c$，$OD=d$，$OD'=d'$，$OE=e$，$OE'=e'$ 和 $OO'=f$。经三步线性坐标变换后，区域 1、2 和 3 对应虚拟空间到物理空间的变换函数可表示为

$$x''' = \frac{a-d'}{a-d}x - \frac{a(d-d')}{b(d-a)}y - \frac{a(d-d')}{c(d-a)}z + \frac{a(d-d')}{d-a}, \quad y''' = y, \quad z''' = z \quad (5\text{-}10a)$$

$$x''' = \frac{d'}{d}x, \quad y''' = -\frac{b(e-e')}{d(e-b)}x + \frac{b-e'}{b-e}y - \frac{b(e-e')}{c(e-b)}z + \frac{b(e-e')}{e-b}, \quad z''' = z \quad (5\text{-}10b)$$

$$x''' = \frac{d'}{d}x, \quad y''' = \frac{e'}{e}y, \quad z''' = -\frac{f}{d}x - \frac{f}{e}y + \frac{c-f}{c}z + f \quad (5\text{-}10c)$$

根据式(3-26)，则实现三维均匀参数封闭式声斗篷所需材料的质量密度和体积模量表达式可求得为

$$1/\rho_1' = \begin{bmatrix} (A^2 + B^2C^2 + B^2D^2)/A & -BC/A & -BD/A \\ -BC/A & 1/A & 0 \\ -BD/A & 0 & 1/A \end{bmatrix}(1/\rho), \quad \kappa_1' = A\kappa \quad (5\text{-}11a)$$

$$1/\rho_2' = \begin{bmatrix} E/G & -FH/G & 0 \\ -FH/G & (F^2H^2 + G^2 + F^2I^2)/(EG) & -FI/(EG) \\ 0 & -FI/(EG) & 1/(EG) \end{bmatrix}(1/\rho), \quad \kappa_2' = EG\kappa \quad (5\text{-}11b)$$

$$1/\rho_3' = \begin{bmatrix} E/(JM) & 0 & -K/(JM) \\ 0 & J/(EM) & -L/(EM) \\ -K/(JM) & -L/(EM) & (K^2 + L^2 + M^2)/(EJM) \end{bmatrix}(1/\rho), \quad \kappa_3' = EJM\kappa \quad (5\text{-}11c)$$

式中，$A = (a-d')/(a-d)$，$B = (d-d')/(d-a)$，$C = a/b$，$D = a/c$，$E = d'/d$，$F = (e-e')/(e-b)$，$G = (b-e')/(b-e)$，$H = b/d$，$I = b/c$，$J = e'/e$，$K = f/d$，$L = f/e$ 和 $M = (c-f)/c$。三维声斗篷其余卦限的材料参数表达式可借助轴对称特性来求。为简洁起见，不再一一罗列。由式(5-11)不难看出，各区域的材料参数分布只取决于斗篷的几何参数，而与空间位置无关。仿真时，声斗篷的几何参数选择为 $a = 4\,\mathrm{m}$，$b = 8\,\mathrm{m}$，$c = 2\,\mathrm{m}$，$d = 0.2\,\mathrm{m}$，$d' = 2\,\mathrm{m}$，$e = 0.4\,\mathrm{m}$，$e' = 4\,\mathrm{m}$ 和 $f = 1\,\mathrm{m}$。计算域的长、宽、高分别为 25m、20m 和 10m，其六个边界包括四个硬边界和两个辐射边界。声斗篷的内、外边界分别设置为软边界和连续边界。

图 5-11(a) 和 (b) 分别描述了 350Hz 沿 x 轴正向入射平面波激励下三维声斗篷附近声场分布的三维视图和 xOy 平面视图。由图可以看出，当平面波传播至三维声斗篷时，它能平滑绕过隐身域并继续向前传播。因此，对于外部探测器来说，平面波似乎直接从激励源发出，从而隐身域内的物体就被完美隐藏了。为了更直观地说明斗篷的隐身特性，图 5-11(c) 和 (d) 给出了与图 5-11(a) 和 (b) 相对应的声强分布。图中箭头方向表示声波的传播方向。显而易见，声波在斗篷作用下其声强曲线会发生有规律的扭曲，而在穿过斗篷后又会恢复到平直的状态。

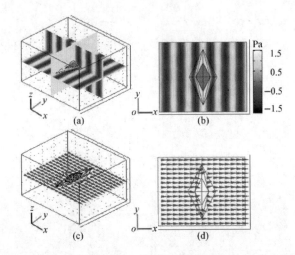

图 5-11 沿 x 轴正向入射平面波激励下三维均匀参数封闭式声斗篷附近的声场分布

(a) 三维视图；(b) xOy 平面视图；(c) 和 (d) 是与 (a) 和 (b) 相对应的声强分布

声地毯斗篷[6, 7]能使地平面上的物体得到有效隐藏。假设 yOz 平面为硬边界，将三维声斗篷 x 轴的负半轴部分放置于该平面上时，并可设计出这种斗篷。图 5-12(a) 和 (c) 分别为有、无地毯斗篷时三角形刚性体附近声场分布的三维视图。图 5-12(b) 和 (d) 是与图 5-12(a) 和 (c) 相对应的 xOy 平面视图。由图可以看出，在无地毯斗篷情况下，三角形刚性体附近的平面波发生了明显的抖动，而当其被斗篷包围时，平面波是平坦的。

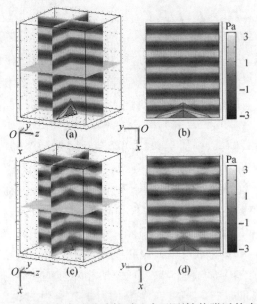

图 5-12 有和没有声地毯斗篷时三角形刚性体附近的声场分布

(a) 和 (c) 三维视图；(b) 和 (d) xOy 平面视图；(a) 和 (b) 有；(c) 和 (d) 没有

5.2　声外斗篷

众所周知，封闭式声斗篷具有双向隐身的弊端，即物体得到完美隐藏的同时其也无法与外界进行交流[1]。为了克服这一缺陷，电磁外斗篷[8]的概念扩展到了声学领域[9-12]。在这一节中，对具有复杂参数、仅体积模量随着空间位置变动和具有均匀参数的声外斗篷进行介绍。

5.2.1　复杂参数声外斗篷

图 5-13 是圆柱形声外斗篷[9]的模型示意图。对其坐标变换过程描述如下：首先，需要将虚拟空间中 $b<r<c$ 的区域折叠成物理空间中 $a<r'<b$ 的区域；然后，需要将虚拟空间中 $0<r<c$ 的区域沿径向压缩成物理空间中 $0<r'<a$ 的区域。通过上述坐标变换，物理空间中恢复层（$0<r'<a$）、互补媒质层（$a<r'<b$）和空气层（$b<r'<c$）组成的斗篷系统将会与虚拟空间中 $0<r<c$ 的区域声学等效，如图 5-13（a）所示。当把一个质量密度和体积模量分别为 ρ_o 和 κ_o 的原物体放置于空气层中时，为了实现对其隐身，需要在互补媒质层中嵌入一个材料参数为 ρ_o' 和 κ_o' 的反物体，如图 5-13（b）所示。值得一提的是，与电磁外斗篷类似，反物体的几何参数由原物体和互补媒质层的变换函数确定，材料参数 $\rho_o'=\rho'\rho_o$ 和 $\kappa_o'=\kappa'\kappa_o$，其中 ρ' 和 κ' 分别为互补媒质层的质量密度和体积模量。对声学外斗篷的工作原理描述如下：首先，原物体和周围空间的散射被嵌有反物体的互补媒质层消除，以保证 $r'=a$ 和 $r=c$ 处具有等效声学相位；然后，正确的声波传播路径在恢复层中得以恢复。因此，斗篷真实存在但又不能被感知到。

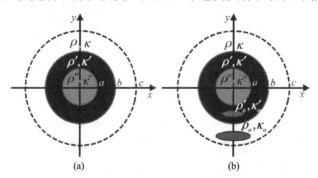

图 5-13　圆柱形声外斗篷模型示意图

(a) 声外斗篷本身；(b) 声外斗篷对原物体的隐身

对于复杂参数圆柱形声外斗篷，圆柱坐标系下互补媒质层和恢复层的变换函数分别定义为

$$r'=(b-a)r/(b-c)+(c-a)b/(c-b)，\quad \theta'=\theta，\quad z'=z \tag{5-12}$$

$$r'=(a/c)r，\quad \theta'=\theta，\quad z'=z \tag{5-13}$$

斗篷所需材料参数可先将式(5-12)和式(5-13)转换为直角坐标系下的函数形式，然后再借助式(3-26)求出，也可根据声波方程在圆柱坐标系下的形式不变性，直接从该坐标系下的变换函数出发求出质量密度的对角张量[13]

$$1/\rho'_r = (\lambda_r/\lambda_\theta\lambda_z)(1/\rho) , \quad 1/\rho'_\theta = (\lambda_\theta/\lambda_r\lambda_z)(1/\rho) , \quad 1/\rho'_z = (\lambda_z/\lambda_r\lambda_\theta)(1/\rho) \tag{5-14}$$

和体积模量 $\kappa' = (\lambda_r\lambda_\theta\lambda_z)\kappa$。其中，$\lambda_r = \mathrm{d}r'/\mathrm{d}r$，$\lambda_\theta = r'\mathrm{d}\theta'/r\mathrm{d}\theta$ 和 $\lambda_z = \mathrm{d}z'/\mathrm{d}z$。但需要注意的是，COMSOL 软件默认求解环境为直角坐标系，因此在把式(5-14)代入仿真模型前应将其进一步转化为直角坐标系下的参数形式，具体转换关系为

$$1/\rho' = \begin{bmatrix} \cos\theta & -\sin\theta & 0 \\ \sin\theta & \cos\theta & 0 \\ 0 & 0 & 1 \end{bmatrix} \begin{bmatrix} 1/\rho'_r & 0 & 0 \\ 0 & 1/\rho'_\theta & 0 \\ 0 & 0 & 1/\rho'_z \end{bmatrix} \begin{bmatrix} \cos\theta & \sin\theta & 0 \\ -\sin\theta & \cos\theta & 0 \\ 0 & 0 & 1 \end{bmatrix} \tag{5-15}$$

需要说明的是，虽然上述两种推导过程有所差别，但经过计算后，声外斗篷直角坐标系下的材料参数都有如下形式：

$$1/\rho' = \begin{bmatrix} A\cos^2\theta + B\sin^2\theta & (A-B)\sin\theta\cos\theta & 0 \\ (A-B)\sin\theta\cos\theta & B\cos^2\theta + A\sin^2\theta & 0 \\ 0 & 0 & Ak_1^2 \end{bmatrix}(1/\rho) , \quad \kappa' = (1/Ak_1^2)\kappa \tag{5-16}$$

$$1/\rho'' = \begin{bmatrix} 1 & 0 & 0 \\ 0 & 1 & 0 \\ 0 & 0 & (c/a)^2 \end{bmatrix}(1/\rho) , \quad \kappa'' = (a/c)^2\kappa \tag{5-17}$$

式中，$A = (k_1r'+k_2)/k_1r'$，$B = k_1r'/(k_1r'+k_2)$，$k_1 = (b-c)/(b-a)$ 和 $k_2 = (a-c)b/(a-b)$。由式(5-16)不难看出，声外斗篷互补媒质层的材料参数都是空间位置的函数，其分布相当复杂。仿真时，斗篷的几何参数选择为 $a=0.15\mathrm{m}$，$b=0.2\mathrm{m}$ 和 $c=0.25\mathrm{m}$。图 5-14(a)描述了恢复层和互补媒质层组成的声外斗篷附近的声场分布。图中完美恢复的平面波有效地验证了声外斗篷自身的隐身特性。图 5-14(b)是裸露于水中的弧形板附近的声场分布。弧形板的厚度 $h=0.016\mathrm{m}$，质量密度 $\rho_o = \rho$ 和体积模量 $\kappa_o = 0.1\kappa$。由图可见，弧形板的散射十分明显，因此外界极易探测到它的存在。通过在互补媒质层嵌入量身定做的反物体可使弧形板得到很好地隐藏，仿真结果如图 5-14(c)所示。

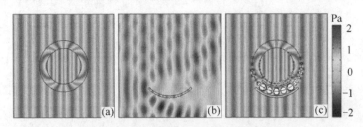

图 5-14　声外斗篷的仿真结果

(a)声外斗篷附近的声场分布；(b)弧形板附近的声场分布；(c)声外斗篷对弧形板的隐身效果

复杂参数其他形状声外斗篷[11]的设计过程与 4.1.2 节中介绍的任意形状电磁外斗篷相同。为避免重复，此处不再赘述。另外，前面导出的材料参数表达式同样也适用于任意形状声外斗篷，只是需将表征电磁特性的介电常数和磁导率与表征声学特性的质量密度和体积模量进行等效。对于声外斗篷的互补媒质层，等效后的材料参数表达式为

$$\frac{1}{\rho'} = \begin{bmatrix} (a_1^2 + a_2^2)/(a_1b_2 - a_2b_1) & (a_1b_1 + a_2b_2)/(a_1b_2 - a_2b_1) & 0 \\ (a_1b_1 + a_2b_2)/(a_1b_2 - a_2b_1) & (b_1^2 + b_2^2)/(a_1b_2 - a_2b_1) & 0 \\ 0 & 0 & 1/(a_1b_2 - a_2b_1) \end{bmatrix} (1/\rho) \quad \text{(5-18a)}$$

$$\kappa' = (a_1b_2 - a_2b_1)\kappa \quad \text{(5-18b)}$$

对于恢复层，有

$$\frac{1}{\rho''} = \begin{bmatrix} 1 & 0 & 0 \\ 0 & 1 & 0 \\ 0 & 0 & (c/a)^2 \end{bmatrix} (1/\rho), \quad \kappa'' = (a/c)^2\kappa \quad \text{(5-19)}$$

式 (5-18) 中，对 a_1、a_2、b_1、b_2 的定义与式 (4-13) 相同。图 5-15 (a) ～ (d) 分别给出了平面波激励下正三边形、正四边形、正五边形以及一般任意形状声外斗篷对不同圆柱形物体的隐身效果。图中白色斑点是由表面模共振引起的高声场值。由图可以清楚地看出，在声外斗篷作用下，圆柱形物体不仅可与周边联系，而且其对外界是听不见的。

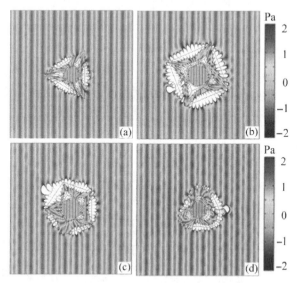

图 5-15　不同形状复杂参数声外斗篷对不同圆柱形物体的隐身效果

(a) 正三边形；(b) 正四边形；(c) 正五边形；(d) 一般任意形状

5.2.2　仅体积模量变化的声外斗篷

对于二维圆柱形声外斗篷，式 (5-14) 中的 ρ_z' 分量不起作用，则根据式 (5-12) 和式

(5-13)求得圆柱坐标系下互补媒质层和恢复层的材料参数分别为

$$1/\rho_r' = A(1/\rho) , \quad 1/\rho_\theta' = B(1/\rho) , \quad \kappa' = (1/Ak_1^2)\kappa \tag{5-20}$$

$$1/\rho_r'' = 1/\rho , \quad 1/\rho_\theta'' = 1/\rho , \quad \kappa'' = (a/c)^2\kappa \tag{5-21}$$

式中，$A = (k_1 r' + k_2)/k_1 r'$，$B = k_1 r'/(k_1 r' + k_2)$，$k_1 = (b-c)/(b-a)$ 和 $k_2 = (a-c)b/(a-b)$。显然，圆柱坐标系下互补媒质层的质量密度和体积模量都是半径的函数。在本节中，通过选择特定的变换函数，设计了互补媒质层质量密度径向和角向分量为常数，而仅体积模量随着空间位置变动的声外斗篷[12]。该斗篷与 5.2.1 节中提到的圆柱形声外斗篷相比不仅性能完美、阻抗匹配，而且材料参数相对容易实现。下面将对该斗篷的设计过程进行介绍。

由于圆柱形声外斗篷的坐标变换过程不涉及角向和轴向变换（即 $\theta'=\theta$ 和 $z'=z$），因此由式(5-14)易知，$\lambda_\theta\lambda_z/\lambda_r$ 和 $\lambda_r\lambda_z/\lambda_\theta$ 的值互为倒数。若假设 $\lambda_r\lambda_z/\lambda_\theta$ 为常数，则 $\lambda_\theta\lambda_z/\lambda_r$ 也为常数。假定 $\lambda_r\lambda_z/\lambda_\theta$ 等于常数 m_0，即

$$\lambda_r\lambda_z/\lambda_\theta = r\mathrm{d}r'/r'\mathrm{d}r = m_0 \tag{5-22}$$

将式(5-22)进一步写为

$$\mathrm{d}r'/r' = m_0(\mathrm{d}r/r) \tag{5-23}$$

通过求解上述微分方程，可得到如下通解：

$$r' = m_1 r^{m_0} \tag{5-24}$$

式中，m_0 和 m_1 为待定常数。对于声外斗篷的互补媒质层，由坐标变换过程可知其应满足 $r'(b) = b$ 和 $r'(c) = a$ 两个边界条件。依据这两个边界条件和式(5-24)，m_0 和 m_1 可很容易求出，进而互补媒质层的材料参数可表示为

$$1/\rho_r' = m_0/\rho , \quad 1/\rho_\theta' = (1/m_0)(1/\rho) , \quad \kappa' = m_0(r'/b)^{2(1-1/m_0)}\kappa \tag{5-25}$$

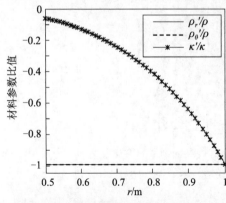

图 5-16 圆柱形声外斗篷互补媒质层的
材料参数分布

式中，$m_0 = \log_{b/c}(b/a)$。由式(5-25)不难发现，声外斗篷互补媒质层的 ρ_r' 和 ρ_θ' 为常数，而仅 κ' 是半径的函数。此外，由于斗篷外边界处的阻抗 $Z|_{r'=b} = \sqrt{\rho_r'\kappa'} = \rho\kappa$，所以其与周围空间完美匹配。当斗篷的几何参数为 a=0.5m，b=1m 和 c=2m 时，根据式(5-25)可很容易求出互补媒质层的材料参数分布，相应结果显示在图 5-16 中。由图可见，互补媒质层的 $\rho_r'/\rho = \rho_\theta'/\rho = -1$，而唯有 κ'/κ 是半径的函数。

首先，模拟了如图 5-13(a)所示的声外斗篷。虚拟空间假设为水。图 5-17(a)给出了当频率为 1kHz、幅值为 1Pa 的声学平面波从左

向右传播时该斗篷附近的声场分布。由图可见，平面波传播至斗篷时其不会发生散射和失真。这就意味着恢复层、互补媒质层和空气层组成的斗篷系统确实与以虚线为边界的区域声学等效。其次，研究了如图 5-13(b) 所示的架构，即通过在互补媒质层中嵌入反物体来实现对原物体的隐身。图 5-17(b) 描述了厚度为 0.3m、质量密度为 $\rho_o = \rho$ 和体积模量为 $\kappa_o = 1.5\kappa$ 的弧形板裸露于水中时的声场分布，图 5-17(c) 是声外斗篷对其的隐身效果。很明显，通过在互补媒质层添加反物体，弧形板被完美地隐藏起来了。此外，仿真了柱面波激励下声外斗篷对具有线性变化材料参数 $\rho_o = (1 - r'/5)\rho$ 和 $\kappa_o = (1 - r'/5)\kappa$ 的圆柱形物体的隐身效果，如图 5-17(d) 所示。圆柱形物体的半径为 0.3m，圆心为 (-1m，-1m)。频率为 1kHz、功率为 $10^{-5}W/m^2$ 的点源位于 (-3m，-3m) 处产生柱面波。从图中的声场分布可以清楚地看出，柱面波能平滑绕过外斗篷并在前端完美恢复到初始传播状态。综上可知，声外斗篷能实现对各向同性或异性物体的隐身，且其性能与激励源的类型无关。

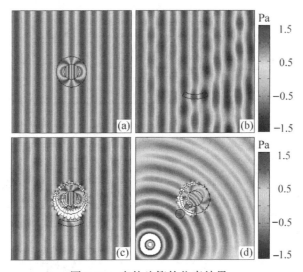

图 5-17　声外斗篷的仿真结果

(a)声外斗篷附近的声场分布；(b)弧形板附近的声场分布；
(c)声外斗篷对弧形板的隐身效果；(d)声外斗篷对圆柱形物体的隐身效果

图 5-18(a) 给出了三个材料参数均为 $\rho_o = \rho$ 和 $\kappa_o = 1.5\kappa$ 的圆柱形物体附近的声场分布。在这种情况下，为了同时实现对三个物体的隐身，需要根据式 (5-24) 将相应的反物体放置于互补媒质层中的镜像位置，如图 5-18(b) 所示。图中完美恢复的入射波前充分验证了声外斗篷对三个物体的完美隐身效果。事实上，更多的物体也能实现隐身，且对隐藏物体的形状和材料参数没有限制，只要其能放置于 $b < r' < c$ 的区域，而它的反物体放置在互补媒质层中即可。图 5-18(c) 显示了 $\rho_o = 3\rho$ 和 $\kappa_o = 3\kappa$ 的环状物体暴露于水中时的声场分布。环状物体的内、外环半径分别为 1.5m 和 1.8m。由图

5-18(c)中可以看出，平面波传播遇到环状物体时波形严重扭曲，散射十分明显。而当物体在外斗篷庇护下时，波形抖动和散射很好地被抑制，物体对外界不可见，如图5-18(d)所示。

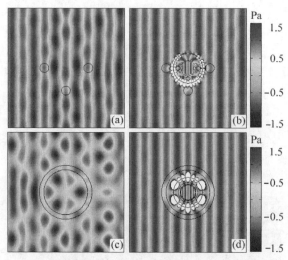

图 5-18　声外斗篷的仿真结果

(a)三个圆柱形物体附近的声场分布；(b)声外斗篷对圆柱形物体的隐身效果；
(c)环状物体附近的声场分布；(d)声外斗篷对环状物体的隐身效果

5.2.3　均匀参数声外斗篷

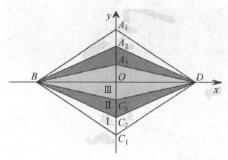

图 5-19　均匀参数声外斗篷模型示意图

在本小节中，受韩天成等[14]先前研究工作的启发，将引入一种具有均匀参数的声外斗篷。斗篷的模型示意图如图 5-19 所示。整个结构分成三个区域：区域 I（空气层），区域 II（互补媒质层）和区域III（恢复层）。区域 I 由区域 BA_1DA_2 和 BC_1DC_2 组成，材料参数为 ρ 和 κ；区域 II 由区域 BA_2DA_3 和 BC_2DC_3 组成，材料参数为 ρ' 和 κ'；区域III由区域 BA_3DC_3 组成，材料参数为 ρ'' 和 κ''。

斗篷的坐标变换过程分为两步：第一步，基于互补媒质理论将区域 I 折叠到区域 II；第二步，将区域 I、II 和III压缩到区域III。这样一来，边界 A_1BC_1D 和 A_3BC_3D 处的声学相位相同，区域 I 和 II 声学相消使得两区域好像根本不存在一样，而相消空间中正确的声波传播路径在区域III中得以恢复。假设 $OA_1=OC_1=c$，$OA_2=OC_2=b$，$OA_3=OC_3=a$ 和 $OB=OD=d$。以第一象限为例，声外斗篷互补媒质层和恢复层从虚拟空间到物理空间的变换函数分别为

$$x' = x, \quad y' = -k_1 x - k_2 y + k_1 d, \quad z' = z \tag{5-26}$$

$$x' = x, \quad y' = ay/c, \quad z' = z \tag{5-27}$$

式中，$k_1 = b(c-a)/d(c-b)$ 和 $k_2 = (b-a)/(c-b)$。根据式(3-26)，则两区域对应的材料参数求得为

$$1/\rho' = \begin{bmatrix} -1/k_2 & k_1/k_2 & 0 \\ k_1/k_2 & -(k_1^2 + k_2^2)/k_2 & 0 \\ 0 & 0 & -1/k_2 \end{bmatrix} (1/\rho), \quad \kappa' = -k_2\kappa \tag{5-28}$$

$$1/\rho'' = \begin{bmatrix} c/a & 0 & 0 \\ 0 & a/c & 0 \\ 0 & 0 & c/a \end{bmatrix} (1/\rho), \quad \kappa'' = (a/c)\kappa \tag{5-29}$$

显然，声外斗篷各区域的材料参数是分块均匀的，其不会随着空间位置的改变而变化。图 5-20(a)描述了恢复层和互补媒质层组成的声外斗篷周边的声场分布。仿真时，$a = 0.5\,\mathrm{m}$，$b = d = 1\,\mathrm{m}$ 和 $c = 1.5\,\mathrm{m}$。频率为 2kHz 的声学平面波从左侧入射。由图可以看出，平面波传播至斗篷时无散射现象发生，而穿过斗篷后又都能恢复到平直的传播状态。因此，斗篷自身对外界是不可见的。图 5-20(b)给出了材料参数为 $\rho_o = \rho$ 和 $\kappa_o = 1.5\kappa$ 的四边形平板裸露于水中时其周边的声场分布。很明显，四边形平板引起了强烈的散射，平面波波前出现了明显的抖动。图 5-20(c)是声外斗篷对平板的隐身效果。反物体的位置由式(5-26)确定，材料参数 $\rho'_o = \rho'\rho_0$ 和 $\kappa'_o = \kappa'\kappa_0$。由图可以清楚地看出，声外斗篷能很好地实现对平板的隐身。

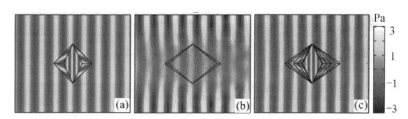

图 5-20　均匀参数声外斗篷的仿真结果

(a)声外斗篷附近的声场分布；(b)四边形平板附近的声场分布；(c)声外斗篷对四边形平板的隐身效果

5.3　声集中器

声集中器能实现声波近场集中，并使核心区的能量达到最大，其在超声能量聚焦及水下声纳成像系统中具有潜在的应用价值[15-17]。在这一节中，将对正多边形及具有均匀参数的声集中器进行介绍。

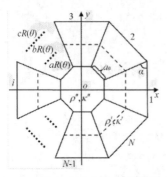

图 5-21　正多边形声集中器模型示意图

5.3.1　正多边形声集中器

图 5-21 是正多边形声集中器[15]的模型示意图。其坐标变换过程需将虚拟空间中 $0 < r < bR(\theta)$ 和 $bR(\theta) < r < cR(\theta)$ 的区域分别转换为物理空间中 $0 < r' < aR(\theta)$ 和 $aR(\theta) < r' < cR(\theta)$ 的区域，其中 a、b 和 c 是大于零的常数且满足 $a < b < c$，$R(\theta)$ 为基本的边界曲线方程，具体函数形式如下：

$$R(\theta) = \frac{a_0 \tan(\alpha)}{2\cos(\theta - 2(n-1)\pi/N - \theta_0)} \tag{5-30}$$

式中，a_0 是以 $aR(\theta)$ 为边界曲线方程的正多边形的边长，θ_0、N 和 n 分别对应正多边形的中心角、边数和边沿逆时针方向的数字编号，$\alpha = \pi/2 - \pi/N$ 是等腰梯形的底角。声集中器核心区 $[0 < r' < aR(\theta)]$ 和外壳区 $[aR(\theta) < r' < cR(\theta)]$ 的变换函数分别定义为

$$r' = (a/b)r，\quad \theta' = \theta，\quad z' = z \tag{5-31}$$

$$r' = k_1 r + k_2 R(\theta)，\quad \theta' = \theta，\quad z' = z \tag{5-32}$$

式中，$k_1 = (c-a)/(c-b)$ 和 $k_2 = c(a-b)/(c-b)$。根据式 (3-26)，两区域所需材料参数的表达式可很容易求出。对于核心区，有

$$1/\rho'' = \begin{bmatrix} 1 & 0 & 0 \\ 0 & 1 & 0 \\ 0 & 0 & (b/a)^2 \end{bmatrix}(1/\rho)，\quad \kappa'' = (a/b)^2 \kappa \tag{5-33}$$

对于外壳区，有

$$1/\rho' = \begin{bmatrix} (a_1^2 + a_2^2)/(a_1 b_2 - a_2 b_1) & (a_1 b_1 + a_2 b_2)/(a_1 b_2 - a_2 b_1) & 0 \\ (a_1 b_1 + a_2 b_2)/(a_1 b_2 - a_2 b_1) & (b_1^2 + b_2^2)/(a_1 b_2 - a_2 b_1) & 0 \\ 0 & 0 & 1/(a_1 b_2 - a_2 b_1) \end{bmatrix}(1/\rho) \tag{5-34a}$$

$$\kappa' = (a_1 b_2 - a_2 b_1)\kappa \tag{5-34b}$$

式中，$a_1 = k_1 - k_2 xy R'(\theta)/r^3 + k_2 y^2 R(\theta)/r^3$，$a_2 = k_2 x^2 R'(\theta)/r^3 - k_2 xy R(\theta)/r^3$，$b_1 = -k_2 y^2 R'(\theta)/r^3 - k_2 xy R(\theta)/r^3$，$b_2 = k_1 + k_2 xy R'(\theta)/r^3 + k_2 x^2 R(\theta)/r^3$，$R'(\theta) = \mathrm{d}[R(\theta)]/\mathrm{d}\theta$。图 5-22 (a)～(c) 分别给出了正三边形、正四边形和正五边形声集中器周边的声场分布。频率为 10kHz 的声学平面波从左向右传播。集中器的几何参数选择为 $a_0 = 0.1\,\mathrm{m}$，$a = 1\,\mathrm{m}$，$b = 2.8\,\mathrm{m}$ 和 $c = 3\,\mathrm{m}$。由图可以看出，平面波传播至声集中器时都会有规律地向核心区会聚。图 5-22 (d)～(f) 是与图 5-22 (a)～(c) 相对应的声强分布。显而易见，核心区的声强不仅分布均匀，而且其值远远大于周边区域。通过调整集中器的几何参

数，该区的声强可以达到更大值。以正五边形声集中器为例，图 5-23 (a) 和 (b) 分别描述了 a 和 b 取值不同时沿 x 轴方向的声强分布。图 5-23 (a) 中，b 设置为 2.8m；图 5-23 (b) 中，a 恒定为 0.5m。由图 5-23 (a) 可以看出，与 $a = 2$ m 的情况相比，$a = 0.5$ m 时核心区的声强增大了 7dB。理论上，当 a 接近于零时声强趋于无穷大。由图 5-23 (b) 不难发现，随着 b 取值的增大，$bR(\theta) < r' < cR(\theta)$ 之间的区域越来越小，核心区的声强逐渐增大。因此，声集中器的聚焦效果与 b/a 成正比，b/a 越大，核心区的声强越大，反之亦然。

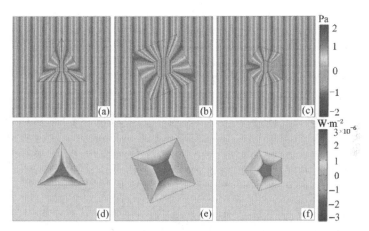

图 5-22　不同形状声集中器附近的声场分布及声强分布

(a) 正三边形；(b) 正四边形；(c) 正五边形；(d) ～ (f) 是与 (a) ～ (c) 相对应的声强分布

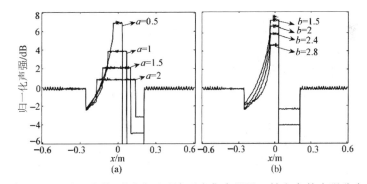

图 5-23　a 和 b 取值不同时正五边形声集中器沿 x 轴方向的声强分布

(a) a ；(b) b

由于上述导出的材料参数表达式以基本边界曲线方程 $R(\theta)$ 为基础，所以只需对 $R(\theta)$ 进行相应修改，便可设计出圆柱形、椭圆形和任意形状声集中器。以 $R(\theta)=[12+2\cos(\theta)+\sin(2\theta)-2\sin(3\theta)]/100$、$a = 1$ m、$b = 2.5$ m 和 $c = 3$ m 的情况为例，设计得到的一般任意形状声集中器附近的声场分布和声强分布分别显示在图 5-24 (a) 和 (b) 中。显然，声集中器聚焦效果良好。

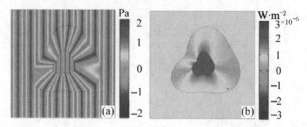

图 5-24　一般任意形状声集中器附近的声场分布和声强分布

(a)声场分布；(b)声强分布

5.3.2　均匀参数声集中器

二维、三维均匀参数声集中器[16]的模型示意图和坐标变换过程可参考 4.2.3 节中介绍的电磁集中器的情况。为避免重复，不再给出。以二维情况为例，经过第一步坐标变换后，第一象限中区域 1、2 和 3 从虚拟空间到过渡空间的变换函数分别表示为

$$x' = \frac{b}{a}x , \quad y' = y , \quad z' = z \tag{5-35a}$$

$$x' = \frac{b}{a}x , \quad y' = y , \quad z' = z \tag{5-35b}$$

$$x' = \frac{c-b}{c-a}x - \frac{c}{d}\frac{(a-b)}{(a-c)}y + \frac{c(a-b)}{a-c} , \quad y' = y , \quad z' = z \tag{5-35c}$$

经过第二步坐标变换后，各区域从过渡空间到物理空间的变换函数为

$$x'' = x' , \quad y'' = \frac{f}{e}y' , \quad z'' = z' \tag{5-36a}$$

$$x'' = x' , \quad y'' = -\frac{d(e-f)}{b(e-d)}x' + \frac{d-f}{d-e}y' + \frac{d(e-f)}{e-d} , \quad z'' = z' \tag{5-36b}$$

$$x'' = x' , \quad y'' = y' , \quad z'' = z' \tag{5-36c}$$

将式(5-35)代入式(5-36)，消去中间变量 x'、y' 和 z'，则区域 1、2 和 3 从虚拟空间到物理空间的变换函数可归结为

$$x'' = \frac{b}{a}x , \quad y'' = \frac{e}{f}y , \quad z'' = z \tag{5-37a}$$

$$x'' = \frac{b}{a}x , \quad y'' = -\frac{d(e-f)}{a(e-d)}x + \frac{d-f}{d-e}y + \frac{d(e-f)}{e-d} , \quad z'' = z \tag{5-37b}$$

$$x'' = \frac{c-b}{c-a}x - \frac{c}{d}\frac{(a-b)}{(a-c)}y + \frac{c(a-b)}{a-c} , \quad y'' = y , \quad z'' = z \tag{5-37c}$$

根据式(3-26)，则相应区域的质量密度和体积模量表达式为

$$1/\rho_1' = \begin{bmatrix} A/B & 0 & 0 \\ 0 & B/A & 0 \\ 0 & 0 & 1/(AB) \end{bmatrix}(1/\rho), \quad \kappa_1' = AB\kappa \tag{5-38a}$$

$$1/\rho_2' = \begin{bmatrix} A/E & -CD/E & 0 \\ -CD/E & (C^2D^2 + E^2)/(AE) & 0 \\ 0 & 0 & 1/(AE) \end{bmatrix}(1/\rho), \quad \kappa_2' = AE\kappa \tag{5-38b}$$

$$1/\rho_3' = \begin{bmatrix} (F^2 + G^2H^2)/F & -GH/F & 0 \\ -GH/F & 1/F & 0 \\ 0 & 0 & 1/F \end{bmatrix}(1/\rho), \quad \kappa_3' = F\kappa \tag{5-38c}$$

式中，$A = b/a$，$B = f/e$，$C = d/a$，$D = (e - f)/(e - d)$，$E = (d - f)/(d - e)$，$F = (c - b)/(c - a)$，$G = (a - b)/(a - c)$ 和 $H = c/d$。声集中器其余象限各区域的材料参数分布可借助轴对称特性求取。由式 (5-38) 不难看出，声集中器的质量密度和体积模量只与其几何参数有关，而与空间位置无关。

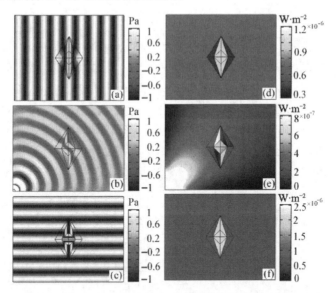

图 5-25　二维均匀参数声集中器附近的声场分布及声强分布

(a) 平面波从左向右传播；(b) 点源放置于 (-0.8m, -0.6m) 处；(c) 平面波从上往下传播；
(d) ～ (f) 是与 (a) ～ (c) 相对应的声强分布

图 5-25 (a) ～ (c) 分别是 8kHz 声学平面波激励下二维均匀参数声集中器附近的声场分布。图 5-25 (a) 中平面波水平入射，图 5-25 (c) 中平面波垂直入射。图 5-25 (b) 为柱面波激励的情况，点源位于 (-0.8m, -0.6m) 处。图 5-25 (d) ～ (f) 是与图 5-25 (a) ～ (c) 相对应的声强分布。声集中器的几何参数选择为 $a = 0.14\,\text{m}$，$b = 0.1\,\text{m}$，$c = 0.2\,\text{m}$，$d = 0.3\,\text{m}$，$e = 0.31\,\text{m}$ 和 $f = 0.1\,\text{m}$。由图可以看出，无论是平面波还是柱面波激励，声

集中器都能很好地实现波聚焦，并使核心区的声强达到最大。此外，声集中器的聚焦效果也不依赖于波的入射方向。

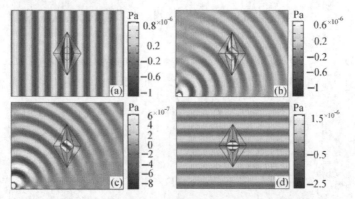

图 5-26　平面波和柱面波激励下声集中器附近的局部速度分量分布

(a)平面波从左向右传播 v_x ；(b)点源放置于(-0.8m，-0.6m)处的 v_x ；
(c)点源放置于(-0.8m，-0.6m)处的 v_y ；(d)平面波从上往下传播的 v_y

声集中器核心区内声强增强，区域能量达到最大，其原因是集中器设计过程中沿 x 和 y 方向进行了空间压缩，使得该区域的局部速度 x 和/或 y 分量(即 v_x 和/或 v_y)放大。为了证实这一点，图 5-26(a)和(d)分别给出了平面波与 x 轴正向成 0° 和 90° 入射时声集中器附近的 v_x 和 v_y 分布。图 5-26(b)和(c)分别描述了点源放置于(-0.8m，-0.6m)处时声集中器周边的 v_x 和 v_y 分布。值得一提的是，由于平面波水平和垂直入射时， v_y 和 v_x 分别等于零，所以这两种情况对应的结果在图中并没有给出。由图可以看出，声集中器核心区的局部速度明显大于周边区域的局部速度。

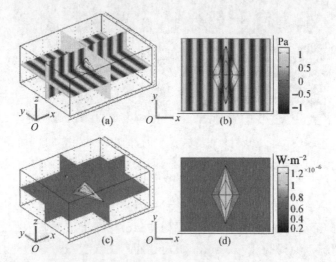

图 5-27　平面波激励下三维均匀参数声集中器附近的声场分布

(a)三维视图；(b) xOy 平面视图；(c)和(d)是与(a)和(b)相对应的声强分布

图 5-27 给出了三维均匀参数声集中器
的仿真结果。其几何参数选择为 $a=0.4\text{m}$，
$b=0.8\text{m}$，$c=0.2\text{m}$，$d=0.3\text{m}$，$d'=0.2\text{m}$，
$e=0.6\text{m}$，$e'=0.4\text{m}$，$f=0.15\text{m}$ 和 $f'=0.1\text{m}$。计
算域的长、宽、高分别为 2.5m、2m 和 1m。
频率为 5kHz、幅值为 1Pa 的声学平面波沿
着 x 轴正向传播。图 5-27(a) 和 (b) 分别为
声集中器附近声场分布的三维视图和 xOy
平面视图。图 5-27(c) 和 (d) 是与图 5-27(a)
和 (b) 相对应的声强分布。由图可以清楚地
看出，平面波传播至声集中器时会有规律
地向核心区会聚，并使该区的声强明显增

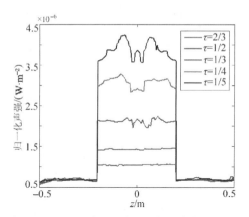

图 5-28 不同压缩比对应沿 z 轴方向的声强分布

强。因此，所设计的三维声集中器聚焦效果良好。

为研究三维声集中器核心区内声强与压缩比 $d'/d = e'/e = f'/f = \tau$ 的关系，图 5-28
给出了不同压缩比对应沿 z 轴方向的声强分布。图中阶梯状的分布由离散化数值方法
引起，其可通过细化网格来改善，但需占用较多的计算机内存，并花费较长的计算时
间。由图可以看出，声集中器核心区内的声强分布是均匀的，其强度随压缩比 τ 的增
大而减小。特别地，当压缩比 $\tau = 1/5$ 时对应核心区的声强大约是 $\tau = 2/3$ 时的 3.8 倍。
理论上，压缩比 τ 趋于零时，核心区声强趋于无穷大。

5.4 其他超材料声器件

5.4.1 声超散射体

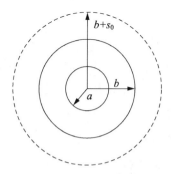

声超散射体[18, 19]所能实现的功能与 4.4.1 节
中介绍的电磁超散射体类似，只不过一个应用于
声学领域，一个应用于电磁领域。图 5-29 给出了
圆柱形声超散射体的模型示意图，其由 $r' = a$ 的小
尺寸刚性体和介于 $a < r' < b$ 的超材料层构成。超
材料层通过将虚拟空间中 $b < r < b + s_0$ 的区域折
叠为物理空间中 $a < r' < b$ 的区域得到。这意味着，
超散射体的放大倍率为 $\sigma = 1 + s_0/b$，其散射横截
面将会与 $r' = b + s_0$ 的大尺寸刚性体相同。

图 5-29 圆柱形声超散射体模型示意图

圆柱坐标系下，声超散射体超材料层从虚拟空间到物理空间的变换函数表示为

$$r' = (a-b)(r-b)/s_0 + b，\quad \theta' = \theta，\quad z' = z \tag{5-39}$$

先将式(5-39)转换为直角坐标系下的函数形式，然后再根据式(3-26)，则超材料层的材料参数表达式求得为

$$1/\rho' = \begin{bmatrix} A\cos^2\theta + B\sin^2\theta & (A-B)\sin\theta\cos\theta & 0 \\ (A-B)\sin\theta\cos\theta & B\cos^2\theta + A\sin^2\theta & 0 \\ 0 & 0 & C \end{bmatrix}(1/\rho) \qquad (5\text{-}40a)$$

$$\kappa' = \kappa/C \qquad (5\text{-}40b)$$

式中，$A = -D/s_0 r'$，$B = -s_0 r'/D$，$C = -s_0 D/(b-a)^2 r'$ 和 $D = s_0(b-r') + b(b-a)$。图5-30(a)描述了大尺寸刚性体附近的声场分布，图5-30(b)给出了小尺寸圆柱形声超散射体周边的声场分布。声超散射体的几何尺寸为 $a=1\,\mathrm{m}$，$b=2\,\mathrm{m}$ 和 $s_0 = 2\,\mathrm{m}$。由图可以看出，在 $r' > b + s_0$ 的区域，两种情况的场分布重叠得很好。这充分验证了声超散射体的有效性。

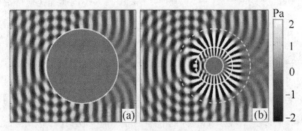

图5-30　大尺寸刚性体和小尺寸圆柱形声超散射体附近的声场分布[18]

(a)大尺寸刚性体；(b)小尺寸圆柱形声超散射体

目前，为了使计算机处理器及芯片组等免于过热，通常会在计算机主机内安装风扇，主机箱表面开通风口，但这种设计在保证了系统稳定性的同时，也带来了不可忽视的噪声泄漏。尤其在计算机密集的办公场合，噪声已对人类健康造成了重大威胁。如果在通风口表面覆盖上超材料层构成声超散射体，使得等效大尺寸刚性体彼此紧邻并形成封闭刚性墙体，那么虽然声超散射体之间存在缝隙允许空气流通，但声波却无法通过，从而能够达到阻隔噪声的效果。图5-31(a)和(b)分别给出了三个并排大尺寸刚性体和声超散射体附近的声场分布。由图可以看出，声波无法透过声超散射体并抵达下方。因此，利用声超散射体能够在保证系统散热效果的同时，有效抑制噪声泄漏。

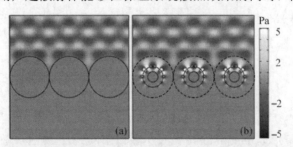

图5-31　三个并排大尺寸刚性体和三个并排圆柱形声超散射体附近的声场分布

(a)三个并排大尺寸刚性体；(b)三个并排圆柱形声超散射体

5.4.2   声双曲透镜

对于普通的声透镜而言，携带物体亚波长信息的倏逝波分量随传播距离呈指数衰减，导致达到成像面的声波会损失关于物体的一部分信息，因此其成像分辨率受衍射极限的限制，可分辨的最小结构为半波长量级。在这一节中，将引入一种能突破普通透镜成像分辨率极限的声双曲透镜[20]。该透镜不仅能对传播波分量完全成像，而且还能完全恢复并放大倏逝波分量，在亚波长成像及远场图像测量等领域具有潜在应用前景。

声双曲透镜同时具有源点信息恢复及放大能力，因此可将其看作一种具有放大能力的声平面透镜。图 5-32 描述了声双曲透镜的坐标变换示意图。为了设计该器件，需要将虚拟空间中以 $ABCD$ 为边界的区域转换为物理空间中以 $ABC'D'$ 为边界的区域。声双曲透镜虚拟空间和物理空间之间的变换函数可表示为

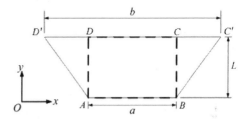

图 5-32   声双曲透镜坐标变换示意图[20]

$$x' = x + \alpha xy , \quad y' = y , \quad z' = z \tag{5-41}$$

式中，$\alpha = (b-a)/La$，L 为透镜的厚度，b/a 的值表示透镜的放大系数。根据式 (3-26)，则声双曲透镜所需材料参数的表达式可很容易求出，具体如下：

$$1/\rho' = \begin{bmatrix} (1+\alpha y') + \alpha^2 x'^2/(1+\alpha y')^3 & \alpha x'/(1+\alpha y')^2 & 0 \\ \alpha x'/(1+\alpha y')^2 & 1/(1+\alpha y') & 0 \\ 0 & 0 & 1/(1+\alpha y') \end{bmatrix} (1/\rho) \tag{5-42a}$$

$$\kappa' = (1+\alpha y')\kappa \tag{5-42b}$$

为作比较，图 5-33 (a) 给出了声平面透镜附近的声场分布。源点面和成像面分别位于透镜上方和下方 0.005m 处。频率为 5kHz 的两个点源放置于源点面上，间距为 0.1m。由图可以看出，成像面的声场分布与源点面的声场分布一致。这意味着点源产生的柱面波，无论是传播波分量还是倏逝波分量都能在声平面透镜引导下沿着 y 方向传播，并在成像面恢复出源点信息。此外，不难发现，相邻源点在成像面上所成的像是相互独立的。图 5-33 (b) 描述了声双曲透镜附近的声场分布。透镜的几何参数设为 $a = 0.1\,\mathrm{m}$，$b = 0.5\,\mathrm{m}$ 和 $L = 0.3\,\mathrm{m}$。源点面和成像面分别位于透镜上方和下方 0.005m 和 0.05m 处。频率为 5kHz 的三个点源分别放置于 $x = -0.09\,\mathrm{m}$，$0.01\,\mathrm{m}$ 和 $0.08\,\mathrm{m}$ 处。显然，点源产生的柱面波能沿着指定路径传播至成像面，声双曲透镜不仅能恢复源点信息，而且还能在成像面上形成放大的像。

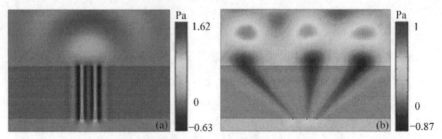

图 5-33　声平面透镜和声双曲透镜附近的声场分布[20]

(a)声平面透镜；(b)声双曲透镜

　　声双曲透镜源点面和成像面的声强分布分别用实线和虚线表示，结果如图 5-34 所示。透镜存在吸收损耗和传播损耗，因此成像面的声强小于源点面的声强。从图中可以看出，源点面三个点源分别位于 $x = -0.09\,\text{m}$、$0.01\,\text{m}$ 和 $0.08\,\text{m}$ 处，成像面的三个峰值分别出现在 $x = -0.45\,\text{m}$、$0.05\,\text{m}$ 和 $0.4\,\text{m}$ 的位置。换句话说，相邻源点的间距分别为 $0.34\lambda_w$ 和 $0.23\lambda_w$，相邻像点的间距分别为 $1.7\lambda_w$ 和 $1.2\lambda_w$，其中 λ_w 为声波波长。不难发现，相邻源点的间距恰好是相邻像点间距的 5 倍，这与声双曲透镜放大系数 b/a 的值吻合。

5.4.3　声波导弯曲器

　　图 5-35 描述了声波导弯曲器[21]的模型示意图。为了设计该器件，需要将虚拟空间中以 $ABCD$ 为边界的正四边形区域转换为物理空间中以 $ABC'D'$ 为边界的扇形区域。假定 $OA = a$，$OB = b$ 和 $AB = b-a$。

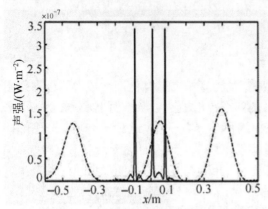

图 5-34　声双曲透镜源点面(实线)和成像面
(虚线)的声强分布[20]

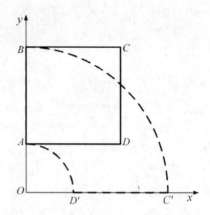

图 5-35　声波导弯曲器模型示意图[21]

　　经过上述坐标变换后，声波导弯曲器从虚拟空间到物理空间的变换函数可归纳为

$$x' = y\sin[\pi x/2(b-a)] = y\sin kx \tag{5-43a}$$

$$y'=y\cos\left[\pi x/2(b-a)\right]=y\cos kx \tag{5-43b}$$

$$z'=z \tag{5-43c}$$

式中，(x,y,z) 和 (x',y',z') 分别为虚拟空间和物理空间中点的坐标。求出式(5-43)对应的雅可比变换矩阵、转置矩阵和行列式，然后代入式(3-26)，便可求出实现声波导弯曲器所需材料参数的表达式，具体为

$$1/\rho'=\begin{bmatrix} ky'^2/r'+x'^2/kr'^3 & x'y'k/r'+x'y'/kr'^3 & 0 \\ x'y'k/r'+x'y'/kr'^3 & x'^2k/r'+y'^2/kr'^3 & 0 \\ 0 & 0 & 1/kr' \end{bmatrix}(1/\rho) \tag{5-44a}$$

$$\kappa'=kr'\kappa \tag{5-44b}$$

式中，$r'=\sqrt{x'^2+y'^2}$。图 5-36(a)和(b)分别给出了声波导弯曲器内没有填充和填充超材料时的声场分布。虚拟空间假定为水；弯曲器的几何参数选择为 $a=0.1\,\mathrm{m}$ 和 $b=0.3\,\mathrm{m}$；频率为 50kHz 的声学平面波从左侧入射。由图 5-36(a)可见，在没有填充超材料时，弯曲器内形成谐振，场分布不规则，输出端的信号衰减很大。而在填充了超材料后，平面波能规则有序地穿过弯曲器，并在输出端完美重现出初始传播状态，如图 5-36(b)所示。上述结果充分验证了式(5-44)的有效性，同时也清楚地表明了器件的良好弯曲效果。

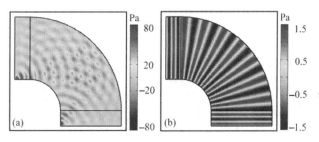

图 5-36　声波导弯曲器内没有和有超材料时的声场分布

(a) 没有；(b) 有

参 考 文 献

[1] Chen H Y, Chan C T. Acoustic cloaking and transformation acoustics [J]. J. Phys. D: Appl. Phys., 2010, 43: 113001.

[2] Torrent D, Sánchez-Dehesa J.Acoustic cloaking in two dimensions: A feasible approach [J]. New J. Phys., 2008, 10: 063015.

[3] Chen H Y, Chan C T. Acoustic cloaking in three dimensions using acoustic metamaterials [J]. Appl. Phys. Lett., 2007, 91: 183518.

[4] Dupont G, Farhat M, Diatta A, et al. Numerical analysis of three-dimensional acoustic cloaks and carpets [J]. Wave Motion, 2011, 48(6): 483-496.

[5]　Cheng Y, Yang F, Xu J Y, et al. A multilayer structured acoustic cloak with homogeneous isotropic materials [J]. Appl. Phys. Lett., 2008, 92: 151913.

[6]　Li T H, Huang M, Yang J J, et al. Homogeneous material constructed acoustic cloak based on coordinate transformation [J]. J. Vibr.Acoust., 2012, 134(5): 051016.

[7]　Zhu W R, Ding C L, Zhao X P. A numerical method for designing acoustic cloak with homogeneousmetamaterials [J]. Appl. Phys. Lett., 2010, 97(13): 131902.

[8]　Lai Y, Chen H Y, Zhang Z Q, et al. Complementary media invisibility cloak that cloaks objects at a distance outside the cloaking shell [J]. Phys. Rev. Lett., 2009, 102: 093901.

[9]　Su Q, Liu B, Huang J P. Remote acoustic cloaks [J]. Front. Phys., 2011, 6(1): 65-69.

[10]　Liu B, Huang J P. Acoustically conceal an object with hearing [J]. Eur. Phys. J. Appl. Phys., 2009, 48(2): 20501.

[11]　Yang J J, Huang M, Yang C F, et al. An external acoustic cloak with N-sided regular polygonal cross section based on complementary medium [J]. Comput. Mater. Sci., 2010, 49(1): 9-14.

[12]　Li T H, Huang M, Yang J J, et al. Acoustic external cloak with only spatially varying bulk modulus [J]. Eur. Phys. J. Appl. Phys., 2012, 57(2): 20501.

[13]　Hu J, Zhou X M, Hu G K.A numerical method for designing acoustic cloak with arbitrary shapes [J]. Comput. Mater. Sci., 2009, 46(3): 708-712.

[14]　Han T C, Tang X H, Xiao F. External cloak with homogeneousmaterial [J]. J. Phys. D: Appl. Phys., 2009, 42: 235403.

[15]　Yang J J,Huang M, Yang C F, et al. A metamaterial acoustic concentrator with regular polygonal cross section [J]. J. Vib. Acoust.,2011, 133(6): 061016.

[16]　Li T H, Huang M, Yang J J, et al. Diamond-shaped acoustic concentrator with homogeneous material parameters [J]. Acoust. Phys., 2012, 58(6): 642-649.

[17]　Wang Y R, Zhang H, Zhang S Y, et al. Broadband acoustic concentrator with multilayered alternative homogeneous materials [J]. J. Acoust. Soc. Am., 2012, 131(2):EL150- EL155.

[18]　Yang T, Cao R F, Luo X D, et al. Acoustic superscatterer and its multilayer realization [J]. Appl. Phys. A: Mater. Sci. Process., 2010, 99(4): 843-847.

[19]　Zhao L, Liu B, Gao Y H, et al. Enhanced scattering of acoustic waves at interfaces [J]. Front. Phys., 2012, 7(3): 319-323.

[20]　Wu L Y, Chen L W. Acoustic planar hyperlens via transformation acoustics [J]. J. Phys. D: Appl. Phys., 2011, 44: 125402.

[21]　Wu L Y,Chiang T Y, Tsai C N, et al. Design of an acoustic bending waveguide with acoustic metamaterials via transformation acoustics [J]. Appl. Phys. A: Mater. Sci. Process., 2012, 109: 523-533.

第6章　变换热力学及其应用

变换热力学是变换科学从波系统向非波系统的延伸和拓展，其基本思想是热传导方程的坐标变换形式不变性。该理论为探索新奇热现象、设计新型功能热器件提供了新手段，并给人们实现任意温度场分布调控带来了新的思路。在这一章中，将对封闭式热斗篷、热集中器、热外斗篷、热开斗篷等一些典型的超材料热器件进行介绍。

6.1　封闭式热斗篷

封闭式热斗篷包括稳态[1-7]和非稳态[8-10]两种情况，它能迫使外部热流绕过隐身域，并使该区域保持低温，这样的特点使其在计算机芯片、卫星和航天器等热保护中有潜在应用。下面将对稳态和非稳态热斗篷逐一进行介绍。

6.1.1　稳态热斗篷

对于稳态热斗篷，由式(3-31)知，时间项消失，材料参数只与热导率有关，而与密度和热容无关。在本小节中，导出了任意形状稳态热斗篷的热导率通用表达式，并通过数值仿真分析了圆柱形、椭圆形、正六边形及具有共形和非共形任意形状热斗篷的性能。

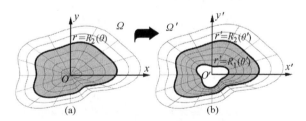

图 6-1　任意形状封闭式热斗篷坐标变换示意图

(a)虚拟空间；(b)物理空间

任意形状封闭式热斗篷[7]的坐标变换示意图如图 6-1 所示。其中，图 6-1(a)和(b)分别表示虚拟空间和物理空间。$R_1(\theta)$ 和 $R_2(\theta)$ 分别为热斗篷的内、外边界曲线方程，其函数形式通常可用有限傅里叶级数表示。值得一提的是，$r' = R_1(\theta)$ 和 $r' = R_2(\theta)$ 可以是共形或非共形的。为实现完美热隐身，需要将虚拟空间中 $r < R_2(\theta)$ 的区域沿径向压缩为物理空间中 $R_1(\theta) < r' < R_2(\theta)$ 的区域，并得到一个 $r' < R_1(\theta)$ 的封闭区域，该区域即为隐身域。上述坐标变换过程对应的变换函数可定义为

$$r' = R_1(\theta) + [R_2(\theta) - R_1(\theta)/R_2(\theta)]r, \quad \theta' = \theta, \quad z' = z \tag{6-1}$$

将式(6-1)进一步转换为直角坐标系下的形式，有

$$x' = r'\cos\theta' = \frac{x}{\sqrt{x^2 + y^2}} R_1\left(\arctan\frac{y}{x}\right) + \frac{R_2\left(\arctan\dfrac{y}{x}\right) - R_1\left(\arctan\dfrac{y}{x}\right)}{R_2\left(\arctan\dfrac{y}{x}\right)} x \tag{6-2a}$$

$$y' = r'\sin\theta' = \frac{y}{\sqrt{x^2 + y^2}} R_1\left(\arctan\frac{y}{x}\right) + \frac{R_2\left(\arctan\dfrac{y}{x}\right) - R_1\left(\arctan\dfrac{y}{x}\right)}{R_2\left(\arctan\dfrac{y}{x}\right)} y \tag{6-2b}$$

$$z' = z \tag{6-2c}$$

求出式(6-2)所对应的雅可比变换矩阵、转置矩阵和行列式，再根据式(3-31)，则无源稳态情况下，热斗篷所需材料热导率的张量表达式求得为

$$\kappa'_{xx} = \frac{r'^2\sin^2\theta - 2Kr'\sin\theta\cos\theta + [(r' - R_1(\theta))^2 + K^2]\cos^2\theta}{(r' - R_1(\theta))r'}\kappa \tag{6-3a}$$

$$\kappa'_{xy} = \kappa'_{yx} = \frac{Kr'(\cos^2\theta - \sin^2\theta) + [K^2 - R_1(\theta)(2r' - R_1(\theta))]\sin\theta\cos\theta}{(r' - R_1(\theta))r'}\kappa \tag{6-3b}$$

$$\kappa'_{yy} = \frac{r'^2\cos^2\theta - 2Kr'\sin\theta\cos\theta + [(r' - R_1(\theta))^2 + K^2]\sin^2\theta}{(r' - R_1(\theta))r'}\kappa \tag{6-3c}$$

$$\kappa'_{zz} = \frac{[r' - R_1(\theta)]}{r'}\left[\frac{R_2(\theta)}{R_2(\theta) - R_1(\theta)}\right]^2\kappa \tag{6-3d}$$

$$\kappa'_{xz} = \kappa'_{yz} = \kappa'_{zx} = \kappa'_{zy} = 0 \tag{6-3e}$$

式中，$K = \dfrac{[r' - R_1(\theta)]R_1(\theta)R_2'(\theta) - [r' - R_2(\theta)]R_2(\theta)R_1'(\theta)}{[R_2(\theta) - R_1(\theta)]R_2(\theta)}$。为了验证式(6-3)的有效性，

采用 COMSOL 软件中的传热模块进行数值仿真。条件如下：仿真域的左、右两边分别对应高温区(600K)和低温区(293.15K)，上、下两边均设置为绝热边界；虚拟空间为 20℃时的铜，其密度 $\rho = 7850\text{kg/m}^3$、热容 $C = 500\text{J/(kg·K)}$ 和热导率 $\kappa = 15\text{W/(m·K)}$。热斗篷的形状取决于边界曲线方程 $R_1(\theta)$ 和 $R_2(\theta)$ 的函数形式。对于非共形任意形状热斗篷，只需使 $R_2(\theta')/R_1(\theta') \neq C_0$（$C_0$ 为常数）成立即可。仿真时，斗篷的边界曲线方程选择为 $R_1(\theta) = [12 + 2\cos(\theta) + \sin(2\theta) - 2\sin(3\theta)]/30$ 和 $R_1(\theta) = [10 + \sin(\theta) - \sin(2\theta) + 2\cos(5\theta)]/12$。图 6-2(a)和(b)分别给出了没有和有非共形任意形状热斗篷时的温度场分布。其中，图 6-2(a)中所有区域都填充为铜，图 6-2(b)中 $r' < R_1(\theta)$ 和 $r' > R_2(\theta)$ 的区域填充为铜，而 $R_1(\theta) < r' < R_2(\theta)$ 的区域填充材料的热导率由式(6-3)决定。由图可见，热斗篷外部的温度场分布与完全为铜的情况一致，而

热斗篷内部的温度场分布与完全为铜的情况不同，其分布呈现均匀的特点。图 6-2(c) 和 (d) 是与图 6-2(a) 和 (b) 相对应的等温线和热流线分布。图中实线表示等温线，箭头代表热流线。由图 6-2(c) 可以看出，高温区热流均匀地向低温区扩散，等温线分布等间距。由图 6-2(d) 可见，在热斗篷的作用下，高温区热流平滑绕过隐身域并向低温区扩散，隐身域内没有热流涌入，其温度分布与初始状态相同。因此，所设计的非共形任意形状热斗篷具备了热保护和热隐身功能。

特别地，当 $R_1(\theta)$ 和 $R_2(\theta)$ 共形时，式 (6-3) 可简化为文献 [6] 中所报道的热斗篷的情况。为与该文献结果作比较，对圆柱形、椭圆形、正多边形以及共形任意形状热斗篷的情况进行了探讨。首先，考虑了圆柱形热斗篷的情况。圆的基本边界曲线方程为 $R(\theta)=1$。这里将热斗篷的边界曲线方程设为 $R_1(\theta)=0.15R(\theta)$ 和 $R_2(\theta)=0.15R(\theta)$。图 6-3(a) 和 (b) 分别表示圆柱形热斗篷的温度场分布和等温线及热流线分布。由图可以看出，热斗篷能使等温线和热流线发生有规律的扭曲，热流不能涌入隐身域。因此，该斗篷同样具有热保护和热隐身双重功能。

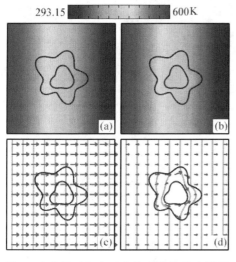

图 6-2　非共形任意形状热斗篷的仿真结果

(a) 没有热斗篷时的温度场分布；(b) 有热斗篷时的温度场分布；(c) 和 (d) 是与 (a) 和 (b) 相对应的等温线和热流线分布

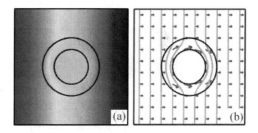

图 6-3　圆柱形热斗篷附近的温度场分布和等温线及热流线分布

(a) 温度场；(b) 等温线及热流线

图 6-4 和图 6-5 分别是椭圆形和正六边形热斗篷的仿真结果。椭圆的基本边界曲线方程为 $R(\theta)=\dfrac{ab}{\sqrt{b^2\cos^2(\theta)+a^2\sin^2(\theta)}}$，其中 a 和 b 依次为椭圆的长半轴长和短半轴长。仿真时，取 $a=0.3\,\text{m}$、$b=0.2\,\text{m}$、$R_1(\theta)=R(\theta)$ 和 $R_2(\theta)=2R(\theta)$。正多边形的基本边界曲线方程为 $R(\theta)=\dfrac{a_0\tan(\pi/2-\pi/N)}{2\cos(\theta-2(n-1)\pi/N-\theta_0)}$，其中 a_0、θ_0、N 和 n 分别对应正

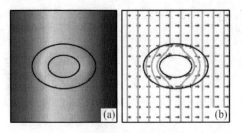

图 6-4　椭圆形热斗篷附近的温度场分布和
等温线及热流线分布

(a)温度场；(b)等温线及热流线

多边形的边长、旋转角、边数和边沿逆时针方向的数字编号。仿真时，令 $N=6$ ，内、外环外接圆的半径分别为 0.2m 和 0.4m，$R_1(\theta)=R(\theta)$ 和 $R_2(\theta)=2R(\theta)$ 。由图不难发现，两种形状热斗篷的隐热效果同样完美。

图 6-6 给出了共形任意形状热斗篷的仿真结果。当边界曲线 $R_1(\theta)$ 和 $R_2(\theta)$ 为普通曲线且满足 $R_2(\theta)/R_1(\theta)=C_0$（$C_0$ 为常数）时，可得到一般的共形任意形状热斗篷。仿真时，假设 $R(\theta)=0.7+0.1\sin(\theta)+0.3\sin(3\theta)+0.2\cos(5\theta)$ ，$R_1(\theta)=R(\theta)/3$ 和 $R_2(\theta)=R(\theta)$ 。显然，非共形任意形状热斗篷能使热流平滑绕过隐身域，并使该区域的温度低于周边区域，相应场分布均匀，从而起到了很好的热保护的作用。

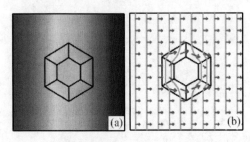

图 6-5　正六边形热斗篷附近的温度场分布和
等温线及热流线分布

(a)温度场；(b)等温线及热流线

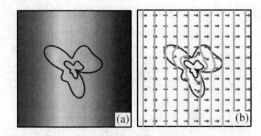

图 6-6　共形任意形状热斗篷附近的温度场分布
和等温线及热流线分布

(a)温度场；(b)等温线及热流线

6.1.2　非稳态热斗篷

对于非稳态封闭式热斗篷，其材料参数不仅取决于热导率，而且还与密度和热容有关。根据式(6-2)和式(3-31)，直角坐标系下非稳态热斗篷所需材料参数的表达式可很容易求出，具体如下：

$$\kappa'=\begin{bmatrix}\kappa'_{xx} & \kappa'_{xy} & \kappa'_{xz}\\\kappa'_{yx} & \kappa'_{yy} & \kappa'_{yz}\\\kappa'_{zx} & \kappa'_{zy} & \kappa'_{zz}\end{bmatrix} \tag{6-4a}$$

$$\rho'C'=\frac{[r'-R_1(\theta)]}{r'}\left[\frac{R_2(\theta)}{R_2(\theta)-R_1(\theta)}\right]^2\rho C \tag{6-4b}$$

式中，对 κ' 各分量的定义详见式(6-3)。下面将以圆柱形非稳态热斗篷为例验证表达式的有效性和斗篷的隐热效果。

图 6-7(a)~(d)分别给出了 $t=0.001\text{s}$ ，$t=0.005\text{s}$ ，$t=0.02\text{s}$ 和 $t=0.05\text{s}$ 时理想圆柱

形非稳态热斗篷附近的温度场分布。斗篷的几何参数选择为 $R_1(\theta) = 2 \times 10^4$ m 和 $R_2(\theta) = 3 \times 10^4$ m。图中纵向实线和横向实线分别表示等温线和热流线分布。由图 6-8 可以清楚地看出，由于左右两侧存在温差，所以热流会自发地从高温区向低温区扩散。当其扩散至热斗篷时，等温线和热流线能平滑绕过隐身域，并在前端恢复到初始扩散状态。需要说明的是，由于斗篷的内边界不是由热导率等于零的完美绝热材料构成的，部分热流会涌入隐身域，并使该区域的温度随着时间推移逐渐增加。但值得一提的是，当 $t \geqslant 0.05$s 时，热斗篷系统达到平衡状态，隐身域的温度不再增加，其值恒定且不超过 0.5K。因此，热斗篷在热保护中有很大用武之地，其能使放置于内的微电子器件及芯片等免于过热。

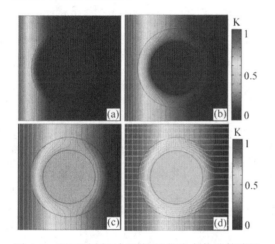

图 6-7　不同时刻理想圆柱形非稳态热斗篷附近的温度场分布[8]

(a) $t = 0.001$s；(b) $t = 0.005$s；(c) $t = 0.02$s；(d) $t = 0.05$s

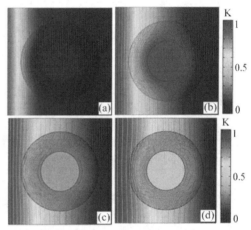

图 6-8　不同时刻层状圆柱形非稳态热斗篷附近的温度场分布[8]

(a) $t = 0.001$s；(b) $t = 0.005$s；(c) $t = 0.02$s；(d) $t = 0.05$s

为消除圆柱形热斗篷复杂的材料各向异性，下面将探讨其分层实现方法。圆柱坐标系下，简化参数热斗篷质量密度的对角张量和体积模量可表示为

$$\kappa_r' = [R_2/(R_2 - R_1)]^2 [(r' - R_1)/r']^2 \tag{6-5a}$$

$$\kappa_\theta' = [R_2/(R_2 - R_1)]^2 \tag{6-5b}$$

$$\rho'C' = \rho C \tag{6-5c}$$

由式(6-5)不难发现，质量密度的径向分量小于角向分量，即 $\kappa_r' < \kappa_\theta'$。这意味着 κ_r' 对材料热力学特性的影响小于 κ_θ'，故采用沿径向分层的思想，并用同心层状结构来等效材料的各向异性。基于有效媒质理论，各向同性交替层 A 和 B 的材料参数(即 κ_A，$\rho_A C_A$ 和 κ_B，$\rho_B C_B$)满足如下方程的形式：

$$1/\kappa_r' = (1/\kappa_A + \eta/\kappa_B)/(1 + \eta) \tag{6-6a}$$

$$\kappa_\theta' = (\kappa_A + \eta \kappa_B)/(1 + \eta) \tag{6-6b}$$

$$\rho' C' = (\rho_A C_A + \eta \rho_B C_B)/(1+\eta) \qquad (6\text{-}6c)$$

式中，$\eta = d_A/d_B$ 表示层 A 和 B 的厚度比。图 6-8 描述了不同时刻层状圆柱形非稳态热斗篷周边的温度场分布。图中纵向实线表示等温线分布。这里，$R_1(\theta) = 1.5 \times 10^4 \text{ m}$ 和 $R_2(\theta) = 3 \times 10^4 \text{ m}$。由图可见，层状热斗篷能正常工作，其能使热流像流水绕经鹅卵石般绕过隐身域。尽管斗篷隐身域内的温度值随着时间变化呈递增趋势，但经过一段时间（$t \geqslant 0.05\text{s}$）后，热斗篷器件将进入热平衡状态。

6.2　热集中器

在众多基于变换热力学的超材料器件中，热集中器作为一种高效便捷的热能捕获与收集器件，在太阳能收集利用、高热激光武器、热伪装及高灵敏度温度传感等方面具有潜在的应用前景。可分为稳态热集中器[3, 11, 12]和非稳态热集中器[8]两种。接下来将进行逐一介绍。

6.2.1　稳态热集中器

在本小节中，导出了稳态任意形状热集中器材料参数的一般表达式，并对其有效性和通用性进行了研究。

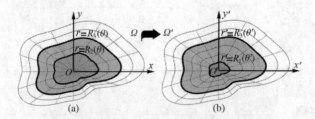

图 6-9　任意形状热集中器坐标变换示意图

(a) 虚拟空间；(b) 物理空间

图 6-9 给出了任意形状热集中器[12]的坐标变换示意图。其中，图 6-9(a) 和 (b) 分别表示虚拟空间和物理空间。为了实现集热，需要将虚拟空间中 $0 < r < R_2(\theta)$ 的区域和 $R_2(\theta) < r < R_3(\theta)$ 的区域沿径向分别转换为物理空间中 $0 < r' < R_1(\theta')$ 的区域和 $R_1(\theta') < r' < R_3(\theta')$ 的区域。对于任意形状热集中器的核心区 $[0 < r' < R_1(\theta')]$ 和外壳区 $[R_1(\theta') < r' < R_3(\theta')]$，坐标变换过程中分别需满足 $r'(0) = 0$，$r'[R_2(\theta)] = R_1(\theta')$ 和 $r'[R_3(\theta)] = R_3(\theta')$，$r'[R_2(\theta)] = R_1(\theta')$ 两个边界条件。假设虚拟空间和物理空间之间的变换函数为线性函数。基于上述边界条件，则核心区的变换函数可表示为

$$r' = [R_1(\theta)/R_2(\theta)]r, \quad \theta' = \theta, \quad z' = z \qquad (6\text{-}7)$$

外壳区为

$$r' = \{[R_3(\theta) - R_1(\theta)]r + R_3(\theta)[R_1(\theta) - R_2(\theta)]\}/[R_3(\theta) - R_2(\theta)], \quad \theta' = \theta, \quad z' = z \qquad (6\text{-}8)$$

将式 (6-7) 和式 (6-8) 分别转换为直角坐标系下的函数形式，然后再根据式 (3-31)，便可求出实现热集中器所需材料参数的一般表达式。对于无源稳态的情况，得到核心区和外壳区的热导率张量表达式为

$$\kappa' = \begin{bmatrix} (A_1^2 + A_2^2)/(A_1B_2 - A_2B_1) & (A_1B_1 + A_2B_2)/(A_1B_2 - A_2B_1) & 0 \\ (A_1B_1 + A_2B_2)/(A_1B_2 - A_2B_1) & (B_1^2 + B_2^2)/(A_1B_2 - A_2B_1) & 0 \\ 0 & 0 & 1/(A_1B_2 - A_2B_1) \end{bmatrix} \kappa \quad (6-9)$$

$$\kappa'' = \begin{bmatrix} (C_1^2 + C_2^2)/(C_1D_2 - C_2D_1) & (C_1D_1 + C_2D_2)/(C_1D_2 - C_2D_1) & 0 \\ (C_1D_1 + C_2D_2)/(C_1D_2 - C_2D_1) & (D_1^2 + D_2^2)/(C_1D_2 - C_2D_1) & 0 \\ 0 & 0 & 1/(C_1D_2 - C_2D_1) \end{bmatrix} \kappa \quad (6-10)$$

式中，$A_1 = k_1 - k_2 \sin\theta\cos\theta$，$A_2 = k_2 \cos^2\theta$，$B_1 = -k_2 \sin^2\theta$，$B_2 = k_1 + k_2 \sin\theta\cos\theta$，$C_1 = k_3 - a\sin\theta\cos\theta + k_4 \sin^2\theta/r - b\sin\theta\cos\theta/r$，$C_2 = a\cos^2\theta - k_3\sin\theta\cos\theta/r + b\cos^2\theta/r$，$D_1 = -a\sin^2\theta - k_3\sin\theta\cos\theta/r - b\sin^2\theta/r$，$D_2 = k_3 + a\sin\theta\cos\theta + k_4\cos^2\theta/r + b\sin\theta\cos\theta/r$，$k_1 = R_1(\theta)/R_2(\theta)$，$k_2 = [R_2(\theta)R_1'(\theta) - R_1(\theta)R_2'(\theta)]/R_2^2(\theta)$，$k_3 = [R_3(\theta) - R_1(\theta)]/[R_3(\theta) - R_2(\theta)]$，$k_4 = R_3(\theta)[R_1(\theta) - R_2(\theta)]/[R_3(\theta) - R_2(\theta)]$，

$$a = \frac{[R_3(\theta) - R_2(\theta)][R_3'(\theta) - R_1'(\theta)] - [R_3(\theta) - R_1(\theta)][R_3'(\theta) - R_2'(\theta)]}{[R_3(\theta) - R_2(\theta)]^2} \text{ 和}$$

$$b = \frac{R_3'(\theta)[R_1(\theta) - R_2(\theta)] + R_3(\theta)[R_1'(\theta) - R_2'(\theta)]}{R_3(\theta) - R_2(\theta)} - \frac{R_3(\theta)[R_1(\theta) - R_2(\theta)][R_3'(\theta) - R_2'(\theta)]}{[R_3(\theta) - R_2(\theta)]^2}。$$

需要指出的是，上述所有式子中的 $R'(\theta) = dR(\theta)/d\theta$。稳态热集中器核心区和外壳区的材料参数由式 (6-9) 和式 (6-10) 决定。

为了验证上述材料参数表达式的有效性，首先考虑了圆柱形稳态热集中器的情况。仿真条件与 6.1.1 节中介绍的稳态封闭式热斗篷相同。边界曲线方程选择为 $R_1(\theta) = 0.1R(\theta)$，$R_2(\theta) = 0.2R(\theta)$ 和 $R_3(\theta) = 0.3R(\theta)$，其中 $R(\theta) = 1$ 代表单位圆的基本边界曲线方程。图 6-10 给出了圆柱形稳态热集中器的仿真结果。图 6-10 (a) 和 (b) 分别是没有和有热集中器时的温度场分布。图 6-10 (c) 和 (d) 是与图 6-10 (a) 和 (b) 相对应的等温线和热流线分布。等温线和热流线分别用纵向实线和横向实线表示。由图可以看出：在没有圆柱形热集中器的情况下，热流均匀地从高温区向低温区扩散，如图 6-10 (a) 和 (c) 所示；而在有热集中器的情况下，靠近高温区一侧的热扩散加快而低温区一侧的热扩散减慢，等温线和热流线有规律地向核心区会聚，并在局部区域内表现出对热量的集热效应，如图 6-10 (b) 和 (d) 所示。理论上，$R_2(\theta)/R_1(\theta)$ 越大，集热效果越明显。

椭圆形热集中器的仿真结果见图 6-11。通常椭圆的基本边界曲线方程可概括为 $R(\theta) = \dfrac{ab}{\sqrt{b^2\cos^2(\theta) + a^2\sin^2(\theta)}}$，其中 a 和 b 分别为椭圆的长半轴长和短半轴长。仿真

时，取 $a = 0.075\,\text{m}$、$b = 0.05\,\text{m}$、$R_1(\theta) = R(\theta)$、$R_2(\theta) = 1.5R(\theta)$ 和 $R_3(\theta) = 2R(\theta)$。从图 6-11(a) 中的温度场分布可以清楚地看出，椭圆形热集中器具有很好的集热效果。这一点也可从图 6-11(b) 中向核心区会聚的等温线和热流线分布得以体现。

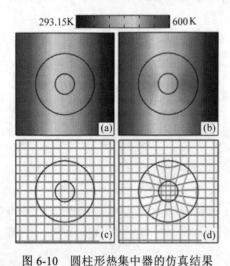

图 6-10　圆柱形热集中器的仿真结果

(a)没有热集中器时的温度场分布；(b)有热集中器时的温度场分布；(c)和(d)是与(a)和(b)相对应的等温线和热流线分布

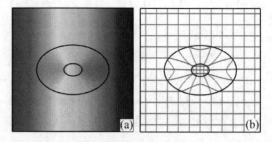

图 6-11　椭圆形热集中器附近的温度场分布和等温线及热流线分布

(a)温度场；(b)等温线及热流线

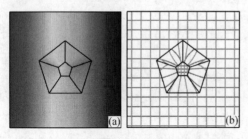

图 6-12　正五边形热集中器附近的温度场分布和等温线及热流线分布

(a)温度场；(b)等温线及热流线

图 6-12 显示了正五边形热集中器的仿真结果。其中，图 6-12(a) 描述了热集中器附近的温度场分布，图 6-12(b) 是相应的等温线及热流线分布。一般地，可将正 N 边形的基本边界曲线方程写为 $R(\theta) = \dfrac{a_0 \tan[\pi/2 - \pi/N]}{2\cos[\theta - 2(n-1)\pi/N - \theta_0]}$，其中 a_0、θ_0、N 和 n 分别对应正多边形的边长、旋转角、边数和边沿逆时针方向的数字编号。以 $N=5$ 的情况为例，将正五边形从内到外的外接圆半径分别设为 0.04m、0.12m 和 0.18m。通过观察图 6-12 不难发现，正五边形热集中器的集热效果十分明显。

图 6-13(a) 和 (b) 分别是 $R_1(\theta) = 0.1R(\theta)$、$R_2(\theta) = 0.2R(\theta)$ 和 $R_3(\theta) = 0.3R(\theta)$ 时，共形任意形状热集中器附近的温度场分布和等温线及热流线分布。基本边界曲线方程定义为 $R(\theta) = 0.4 + 0.1\sin(\theta) + 0.1\sin(3\theta) + 0.15\sin(5\theta)$。显而易见，共形任意形状热集中器能很好地实现局部集热。

值得注意的是，上述介绍的都是具有共形边界的热集中器，即 $R_1(\theta) = \tau_1 R(\theta)$、

$R_2(\theta) = \tau_2 R(\theta)$ 和 $R_3(\theta) = \tau_3 R(\theta)$ 的情况。其中，$R(\theta)$ 是基本边界曲线方程，τ_1、τ_2 和 τ_3 是大于零的常数且 $\tau_1 < \tau_2 < \tau_3$。考虑到实际应用中可能会涉及非共形热集中器的情况，下面将对这种更为复杂的情况进行讨论，并以此进一步验证式 (6-9) 和式 (6-10) 的通用性。图 6-14 给出了一个非共形任意形状热集中器的仿真实例。其中，$R_1(\theta) = [12 + 2\cos(\theta) + \sin(2\theta) - 2\sin(3\theta)]/320$，$R_2(\theta) = [20 - 0.5\cos(4\theta) + \sin(4\theta) - 2\cos(4\theta)]/150$ 和 $R_3(\theta) = [10 + \sin(\theta) - \cos(3\theta) + 2\sin(5\theta) - 0.4\sin(7\theta)]/48$。由图可以清楚地看出，与前述的圆柱形、椭圆形、正五边形和共形任意形状热集中器一样，该热集中器也表现出了明显的集热效果。因此，上述结果充分验证了所导出材料参数表达式的有效性和通用性。

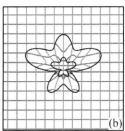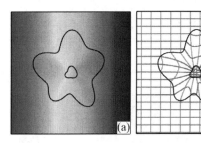

图 6-13　共形任意形状热集中器附近的温度场
　　　　分布和等温线及热流线分布

(a) 温度场；(b) 等温线及热流线

图 6-14　非共形任意形状热集中器附近的温度
　　　　场分布和等温线及热流线分布

(a) 温度场；(b) 等温线及热流线

6.2.2　非稳态热集中器

根据式 (6-7)、式 (6-8) 和式 (3-31)，任意形状非稳态热集中器直角坐标系下的材料参数表达式可很容易求出。对于核心区，有

$$\kappa' = \begin{bmatrix} (A_1^2 + A_2^2)/(A_1 B_2 - A_2 B_1) & (A_1 B_1 + A_2 B_2)/(A_1 B_2 - A_2 B_1) & 0 \\ (A_1 B_1 + A_2 B_2)/(A_1 B_2 - A_2 B_1) & (B_1^2 + B_2^2)/(A_1 B_2 - A_2 B_1) & 0 \\ 0 & 0 & 1/(A_1 B_2 - A_2 B_1) \end{bmatrix} \kappa \quad (6\text{-}11a)$$

$$\rho' C' = \rho C/(A_1 B_2 - A_2 B_1) \quad (6\text{-}11b)$$

对于外壳区，有

$$\kappa'' = \begin{bmatrix} (C_1^2 + C_2^2)/(C_1 D_2 - C_2 D_1) & (C_1 D_1 + C_2 D_2)/(C_1 D_2 - C_2 D_1) & 0 \\ (C_1 D_1 + C_2 D_2)/(C_1 D_2 - C_2 D_1) & (D_1^2 + D_2^2)/(C_1 D_2 - C_2 D_1) & 0 \\ 0 & 0 & 1/(C_1 D_2 - C_2 D_1) \end{bmatrix} \kappa \quad (6\text{-}12a)$$

$$\rho'' C'' = \rho C/(C_1 D_2 - C_2 D_1) \quad (6\text{-}12b)$$

式中，对 A_1、B_1、A_2、B_2、C_1、D_1、C_2 和 D_2 的定义与式 (6-9) 和式 (6-10) 相同。接下来，将以圆柱形情况为例说明非稳态热集中器的集热效果。

图 6-15 (a) ～ (d) 分别描述了 $t = 0.75 \times 10^3 \text{s}$，$t = 1.25 \times 10^3 \text{s}$，$t = 1.75 \times 10^3 \text{s}$ 和

$t = 2.25 \times 10^3\,\mathrm{s}$ 时理想圆柱形非稳态热集中器周边的温度场分布。集中器的边界曲线方程选择为 $R_1(\theta) = 0.1\,\mathrm{m}$，$R_2(\theta) = 0.2\,\mathrm{m}$ 和 $R_2(\theta) = 0.3\,\mathrm{m}$。图中纵向实线和横向实线分别表示等温线和热流线分布。由图不难发现，随着时间的推移，热集中器会引导等温线和热流线有规律地向核心区会聚，使热流在靠近高温区一侧扩散加快而相反一侧扩散减慢，并在局部区域内表现出集热效果。

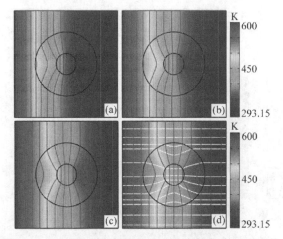

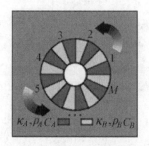

图 6-15　不同时刻理想圆柱形非稳态热集中器附近的温度场分布

图 6-16　圆柱形非稳态热集中器分层实现示意图

(a) $t = 0.75 \times 10^3\,\mathrm{s}$；　(b) $t = 1.25 \times 10^3\,\mathrm{s}$；　(c) $t = 1.75 \times 10^3\,\mathrm{s}$；
(d) $t = 2.25 \times 10^3\,\mathrm{s}$

紧接着，将考虑圆柱形非稳态热集中器的分层实现方法。圆柱坐标系下，热集中器核心区和外壳区的材料参数表达式可分别表示为

$$\kappa'_r = \kappa，\quad \kappa'_\theta = \kappa，\quad \rho'C' = \left(R_2/R_1\right)^2 \rho C \tag{6-13}$$

$$\kappa''_r = \left[\left(r' + R_3\frac{R_2 - R_1}{R_3 - R_2}\right)\Big/r'\right]\kappa，\quad \kappa''_\theta = \left[r'\Big/\left(r' + R_3\frac{R_2 - R_1}{R_3 - R_2}\right)\right]\kappa \tag{6-14a}$$

$$\rho''C'' = \left[\left(r' + R_3\frac{R_2 - R_1}{R_3 - R_2}\right)\Big/r'\right]\left(\frac{R_3 - R_2}{R_3 - R_1}\right)\rho C \tag{6-14b}$$

显然，核心区的材料参数为常数值，其很容易实现，而外壳区的材料参数是各向异性的，其实现起来相当困难。为了消除外壳区材料参数的各向异性，将引入基于有效媒质理论的分层实现方法。对于圆柱形热集中器的外壳区，不难发现 $\kappa'_r > \kappa'_\theta$，恰好与封闭式热斗篷相反。这表明热集中器热导率的径向分量对各向异性的影响要大于角向分量，所以采用沿角向分层的思想，并用扇形层状结构来近似各向异性，分层实现示意图如图 6-16 所示。首先，将整个外壳区沿着逆时针方向划分为 M 层；然后，每一层再由 A、B 两层各向同性的材料组成。层 A 和 B 的材料参数（即 κ_A，$\rho_A C_A$ 和 κ_B，$\rho_B C_B$）

采取如下函数形式：

$$1/\kappa_\theta'' = (1/\kappa_A + \eta/\kappa_B)/(1+\eta) \tag{6-15a}$$

$$\kappa_r'' = (\kappa_A + \eta\kappa_B)/(1+\eta) \tag{6-15b}$$

$$\rho''C'' = (\rho_A C_A + \eta\rho_B C_B)/(1+\eta) \tag{6-15c}$$

式中，η 为层 A 和 B 对应的圆心角之比。仿真时，假定 $M=80$ 和 $\eta=1$。图 6-17 给出了不同时刻层状圆柱形非稳态热集中器附近的温度场分布。图中纵向实线表示等温线分布。由图不难发现，层状热集中器能使等温线向核心区会聚，并很好地实现局部集热。

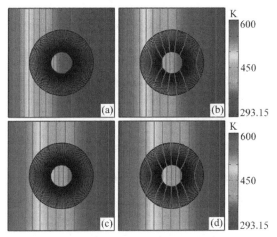

图 6-17　不同时刻层状圆柱形非稳态热集中器附近的温度场分布

(a) $t=0.75\times10^3$s ；　(b) $t=1.25\times10^3$s ；　(c) $t=1.75\times10^3$s ；　(d) $t=2.25\times10^3$s

6.3　其他超材料热器件

6.3.1　热外斗篷

值得一提的是，在封闭式热斗篷作用下，放置于斗篷内的物体能免于过热的同时，也无法感知到外部的热流。在本小节中，为了克服这一缺陷，将引入一种热外斗篷[13]。该斗篷不仅具有热隐身效果，而且由于物体放置于斗篷外，确保了物体与外部热流的交互作用。

图 6-18 给出了热外斗篷的模型示意图。

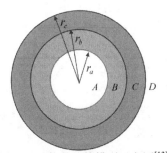

图 6-18　热外斗篷模型示意图[13]

以 r_a、r_b 和 r_c 为半径的三个同心圆将整个虚拟空间划分成 $A(0<r<r_a)$、$B(r_a<r<r_b)$、$C(r_b<r<r_c)$ 和 $D(r>r_c)$ 四个区域。热外斗篷的坐标变换过程需要将虚拟空间中 $r_b<r<r_c$ 的区域折叠为物理空间中 $r_a<r'<r_b$ 的区域，而将虚拟空间中 $0<r<r_c$ 的区域压缩为物理空间中 $0<r'<r_a$ 的区域。物理空间中，区域 $A(0<r'<r_a)$ 和 $B(r_a<r'<r_b)$ 分别代表斗篷的恢复层和互补媒质层，区域 $C(r_b<r'<r_c)$ 用于放置需要隐藏的物体，区域 $D(r'>r_c)$ 为空气层。经过上述坐标变换，互补媒质层和核心层从虚拟空间到物理空间的变换函数可分别表示为

$$r'=-\frac{r_b-r_a}{r_c-r_b}(r-r_b)+r_b, \quad \theta'=\theta, \quad z'=z \tag{6-16}$$

$$r'=(r_a/r_c)r, \quad \theta'=\theta, \quad z'=z \tag{6-17}$$

考虑无源稳态的情况，则根据式(3-31)，斗篷各区域所需材料热导率的张量表达式可很容易求出。对于互补媒质层，有

$$\kappa'=\begin{bmatrix} A\cos^2\theta+B\sin^2\theta & (A-B)\sin\theta\cos\theta & 0 \\ (A-B)\sin\theta\cos\theta & B\cos^2\theta+A\sin^2\theta & 0 \\ 0 & 0 & C \end{bmatrix}\kappa_m \tag{6-18}$$

式中，κ_m 为物体热导率，$A=r_b(r_c-r_a)/r(r_b-r_c)+1$，$B=r(r_b-r_c)/[-r_ar_b+r_b(r_c+r)-r_cr]$ 和 $C=(r_b-r_c)[-r_ar_b+r_b(r_c+r)-r_cr]/r(r_a-r_b)^2$。对于恢复层，有

$$\kappa''=\begin{bmatrix} 1 & 0 & 0 \\ 0 & 1 & 0 \\ 0 & 0 & (r_c/r_a)^2 \end{bmatrix}\kappa \tag{6-19}$$

式中，κ 是虚拟空间的热导率。仿真域的左、右两边分别对应高温区(400K)和低温区(300K)，上、下两边为绝热边界。图 6-19(a)描述了均匀各向同性区域 $[\kappa=40\text{W}/(\text{m}\cdot\text{K})]$ 的温度场分布。图中箭头表示热流分布。由图可以看出，热流均匀地从高温区向低温区扩散，温度场分布十分规则。图 6-19(b)是将区域 C 替换为 $\kappa_m=400\text{W}/(\text{m}\cdot\text{K})$ 的物体时的温度场分布。通过对比图 6-19(a)和(b)不难发现，物体对区域 D 的温度场分布造成显著影响，故外界极易探测到它的存在。假定 $r_a=0.5\text{ m}$，$r_b=0.7\text{ m}$ 和 $r_c=0.9\text{ m}$。热外斗篷互补媒质层和核心层的材料参数由式(6-18)和式(6-19)决定，其对图 6-19(b)中物体的隐身效果如图 6-19(c)所示。显而易见，图 6-19(c)中区域 D 的温度场分布与图 6-19(a)中的相同。换句话说，热外斗篷能使物体得到很好地隐藏，而物体本身也可感知外部热流。需要说明的是，斗篷的隐身机理源于区域 B 的互补媒质效应。

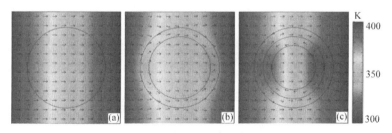

图 6-19　均匀同性区域以及没有和有热外斗篷时物体附近的温度场分布图[13]

(a)均匀同性区域；(b)没有热外斗篷；(c)有热外斗篷

6.3.2　热开斗篷

在这一节中，将介绍一种热开斗篷[14]。该斗篷由一部分封闭式斗篷和一个圆柱形器件组成，其不仅能使隐身域的温度场分布均匀，而且当开口在低(高)温区一侧时，该区域的温度低(高)于封闭式热斗篷。此外，由于热开斗篷坐标变换过程中涉及压缩和折叠变换，致使其拥有较小的时间尺度参数，所以这种斗篷与封闭式热斗篷相比，达到热平衡状态的时间相对较短。

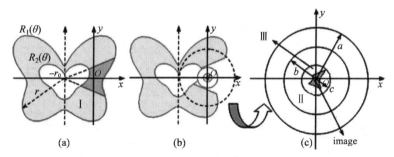

图 6-20　任意形状封闭式热斗篷和热开斗篷的模型示意图及圆柱形器件的放大显示[14]

(a)封闭式热斗篷；(b)热开斗篷；(c)是对图(b)中圆柱形器件的放大显示

任意形状热开斗篷的模型示意图如图 6-20(b)所示，其可通过将图 6-20(a)中封闭式热斗篷的深灰色区域部分替换为圆柱形器件，而保持浅灰色区域部分不变来实现。图 6-20(c)是对图 6-20(b)中圆柱形器件的放大显示。圆柱形器件可通过压缩和折叠变换得到。首先，将 $0 < r_v < a$ 的区域压缩为 $0 < r_v < c$ 的区域；其次，将 $b < r_v < a$ 的区域折叠为 $c < r_v < b$ 的区域。这样一来，图 6-20(a)中的大深灰色区域部分压缩为图 6-20(b)中的小深灰色区域部分，封闭式斗篷存在开口，且在 $r_v = b$ 处材料参数具有连续性。将图 6-20(b)中的浅灰色区域部分标记为区域 I，$c < r_v < b$ 和 $0 < r_v < c$ 的区域分别标记为区域 II 和 III，深灰色区域部分标记为区域 image。由热开斗篷的设计流程易知，区域 I 的变换函数为

$$r_1' = [R_1(\theta) - R_2(\theta)]r/R_1(\theta) + R_2(\theta)，\quad \theta_1' = \theta，\quad z_1' = z \tag{6-20}$$

根据式(3-31)，则无源非稳态情况下，区域 I 的材料参数表达式可求得为

$$\kappa'_I = T_I \Lambda_I \kappa \Lambda_I^T T_I^T / \det \Lambda_I , \quad \rho'_I C'_I = \rho C / \det \Lambda_I \tag{6-21}$$

式中，$T_I = \begin{bmatrix} \cos\theta & -\sin\theta & 0 \\ \sin\theta & \cos\theta & 0 \\ 0 & 0 & 1 \end{bmatrix}$，$\Lambda_I = \begin{bmatrix} a_1 & b_1 & 0 \\ 0 & c_1 & 0 \\ 0 & 0 & 1 \end{bmatrix}$，$T_I^T$ 和 Λ_I^T 分别为 T_I 和 Λ_I 的转置矩阵，

$\det \Lambda_I$ 是 Λ_I 的行列式，$a_1 = [R_1(\theta) - R_2(\theta)]/R_1(\theta)$，$b_1 = [R_1'(\theta)R_2(\theta) - R_1(\theta)R_2'(\theta)]/R_1^2(\theta) + R_2'(\theta)[R_1(\theta) - R_2(\theta)]/[r_1' - R_2(\theta)]R_1(\theta)$，$c_1 = r_1'[R_1(\theta) - R_2(\theta)]/[r_1' - R_2(\theta)]R_1(\theta)$，$r_1' = \sqrt{(x' + r_0)^2 + y'^2}$ 和 $\theta = \arctan[y'/(x' + r_0)]$。

对于区域 II 和 III，变换函数分别定义为

$$r'_{II} = (c - b)(r_v - b)/(a - b) + b , \quad \theta'_{II} = \theta_v , \quad z'_{II} = -z_v \tag{6-22}$$

$$r'_{III} = (c/a)r_v , \quad \theta'_{III} = \theta_v , \quad z'_{III} = z_v \tag{6-23}$$

相应区域的材料质量密度和体积模量表达式求得为

$$\kappa'_{II} = T_{II} \Lambda_{II} \kappa \Lambda_{II}^T T_{II}^T / \det \Lambda_{II} , \quad \rho'_{II} C'_{II} = \rho C / \det \Lambda_{II} \tag{6-24}$$

$$\kappa'_{III} = \Lambda_{III} \kappa \Lambda_{III}^T / \det \Lambda_{III} , \quad \rho'_{III} C'_{III} = \rho C / \det \Lambda_{III} \tag{6-25}$$

式中，$T_{II} = \begin{bmatrix} \cos\theta_v & -\sin\theta_v & 0 \\ \sin\theta_v & \cos\theta_v & 0 \\ 0 & 0 & 1 \end{bmatrix}$，$\Lambda_{II} = \begin{bmatrix} \dfrac{c-b}{a-b} & 0 & 0 \\ 0 & \dfrac{r'_{II}(b-c)}{a(b-r'_{II}) + b(r'_{II}-c)} & 0 \\ 0 & 0 & -1 \end{bmatrix}$，$\Lambda_{III} = \begin{bmatrix} c/a & 0 & 0 \\ 0 & c/a & 0 \\ 0 & 0 & 1 \end{bmatrix}$。

对 Λ_{II}^T、T_{II}^T 和 $\det \Lambda_{II}$ 及 Λ_{III}^T 和 $\det \Lambda_{III}$ 的定义与区域 I 类似。此外，$r'_{II} = r'_{III} = \sqrt{x'^2 + y'^2}$ 和 $\theta_v = \arctan(y'/x')$。对于区域 image，变换函数为

$$r'_{III} = (c/a)r_v , \quad \theta'_{III} = \theta_v , \quad z'_{III} = z_v \tag{6-26}$$

该区域的材料参数表达式求得为

$$\kappa'_{image} = \Lambda_{III} \kappa'_I(r_{image}, \theta_{image}) \Lambda_{III}^T / \det \Lambda_{III} , \quad \rho'_{image} C'_{image} = \rho'_I C'_I / \det \Lambda_{III} \tag{6-27}$$

式中，$\kappa'_I(r_{image}, \theta_{image}) = T_{image} \Lambda_I \kappa \Lambda_I^T T_{image}^T / \det \Lambda_I$，$T_{image} = \begin{bmatrix} \cos\theta_{image} & -\sin\theta_{image} & 0 \\ \sin\theta_{image} & \cos\theta_{image} & 0 \\ 0 & 0 & 1 \end{bmatrix}$，

$r'_{image} = \sqrt{(ax'/c + y')^2 + (ay'/c)^2}$ 和 $\theta_{image} = \arctan[y'/(x' + r_0 c/a)]$。此外，需要将 Λ_I 中涉及 r_1' 的地方替换为 r'_{image}。

为说明热开斗篷的优点，分三种情况（即 A、B 和 C）进行讨论。虚拟空间和隐身域分别为铝和铜。高、低温区的温度分别设置为 600K 和 293.15K。情况 A 对应图 6-20(a) 中的封闭式热斗篷，情况 B 和 C 对应图 6-20(b) 中的热开斗篷。前一种情况模型关于 y 轴对称，因此无论热流从左向右扩散还是从右向左扩散，封闭式热斗篷的

热隐身效果都相同；后两种情况的高温区分别位于仿真域的左侧和右侧。图 6-21 (a)～(c)和图 6-22 (a)～(c)分别描述了 $t=1\times10^8\text{s}$，$t=2\times10^8\text{s}$ 和 $t=4\times10^8\text{s}$ 时情况 B 和 C 的温度场分布。为作比较，图 6-21 (d)和图 6-22 (d)给出了 $t=1\times10^9\text{s}$ 时封闭式热斗篷附近的温度场分布。其中，图 6-21 (d)中的热流从左向右扩散，图 6-22 (d)则恰好相反。图中纵向实线代表等温线分布。通过观察图 6-21 和图 6-22 不难发现，与封闭式热斗篷类似，热开斗篷能在不影响其周边温度场分布的前提下使隐身域的温度场分布均匀。此外，热开斗篷能使隐身域免于过热或迅速加热，其功能类似于冷却器或加热器。

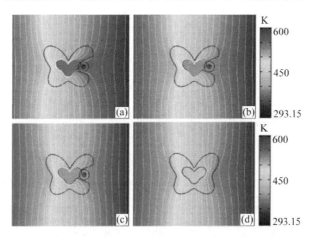

图 6-21　高温区位于左侧时热开斗篷和封闭式热斗篷的仿真结果[14]

(a) $t=1\times10^8\text{s}$；(b) $t=2\times10^8\text{s}$ 和 (c) $t=4\times10^8\text{s}$ 时热开斗篷附近的温度场分布；
(d) $t=1\times10^9\text{s}$ 时封闭式热斗篷附近的温度场分布

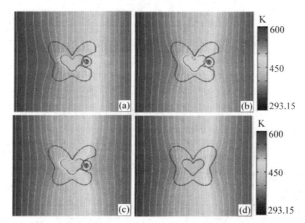

图 6-22　高温区位于右侧时热开斗篷和封闭式热斗篷的仿真结果[14]

(a) $t=1\times10^8\text{s}$；(b) $t=2\times10^8\text{s}$ 和 (c) $t=4\times10^8\text{s}$ 时热开斗篷附近的温度场分布；
(d) $t=1\times10^9\text{s}$ 时封闭式热斗篷附近的温度场分布

表 6-1 是不同时刻情况 A、B 和 C 相应隐身域内的温度值。由于热开斗篷压缩和

折叠变换的时间尺度参数 $\det \Lambda_{\mathrm{II}}$ 和 $\det \Lambda_{\mathrm{III}}$ 小于 1，由表 6-1 不难发现，在热开斗篷系统中，热流迅速扩散，其穿过热开斗篷达到热平衡状态的时间要比封闭式热斗篷短一些。此外，与封闭式热斗篷相比，当热开斗篷的开口位于高温区一侧时，隐身域内的温度会偏高，其值高于温差的一半，反之亦然。出现这种现象的根本原因是热开斗篷能让热流渗入隐身域。

表 6-1　不同时刻三种情况相应隐身域内的温度值[14]

t/s	1×10^8	2×10^8	3×10^8	4×10^8	5×10^8	6×10^8	7×10^8	8×10^8	9×10^8	1×10^9
A	329.5	375.4	405.1	423.1	434.0	440.0	443.3	445.1	446.3	446.7
B	344.9	377.5	383.8	384.3	384.3	384.1	384.1	384.1	384.1	384.1
C	451.2	499.7	508.3	509.5	509.4	509.2	509.1	509.1	509.1	509.1

图 6-23(a)和(b)分别为高温区位于不同位置时热开斗篷周边的温度场分布。需要说明的是，温度场分布是在热开斗篷系统趋于热平衡状态(即 $t=4\times10^8\mathrm{s}$)时提取得到的。图 6-23(a)和(b)中，热开斗篷隐身域内的温度值分别为 454.7K 和 438.4K。显然，与封闭式热斗篷系统热平衡状态(即 $t=1\times10^9\mathrm{s}$)时隐身域内的温度值(446.7K)相比，高温区位于底部或顶部时，其值偏大或偏小。这主要是热开斗篷下方的开口大于上方的开口，底部的温度场发挥主导作用所致。因此，在实际应用中，热开斗篷隐身域内的温度除了可通过改变斗篷几何参数来调整，还可通过选择开口的位置来控制。

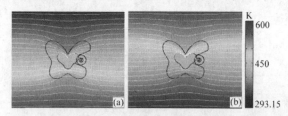

图 6-23　热流从下往上和从上往下扩散时热开斗篷附近的温度场分布[14]

(a)从下往上；(b)从上往下

事实上，如果热开斗篷存在两个对称开口，那么稳态时其隐身域内的温度场分布将会与封闭式热斗篷相同，仿真结果如图 6-24 所示。但需要指出的是，两种斗篷系统达到热平衡状态的时间不同。相比较而言，热开斗篷系统较短。

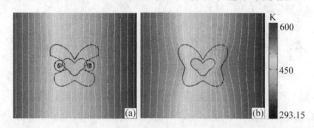

图 6-24　两开口热开斗篷和封闭式热斗篷附近的温度场分布[14]

(a) $t=4\times10^8\mathrm{s}$ 热开斗篷；(b) $t=1\times10^9\mathrm{s}$ 封闭式热斗篷

6.3.3　热幻影装置

热幻影装置能使放置于内的物体呈现出与自身完全不同的热力学特性，其在热伪装等领域有着重要用途和应用前景。下面将介绍两种典型的热幻影装置。

第一种是热变形器[15]，它能将一个物体幻影成另一个物体，其坐标变换示意图如图 6-25 所示。图 6-25(a)和(b)分别为物理空间和虚拟空间。该器件可通过将虚拟空间中以 c 为边界曲线的区域变换为物理空间中以 a 为边界曲线的区域，而保持外边界曲线 b 不变来实现。这样一来，热变形器覆盖下以 a 为边界曲线的物体将会与以 c 为边界曲线的物体具有相同的热力学

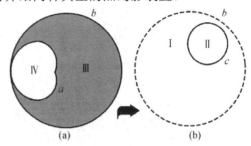

图 6-25　热变形器坐标变换示意图

(a)物理空间；(b)虚拟空间

特性。将虚拟空间中介于边界曲线 c 和 b 的区域以及以 c 为边界曲线的区域分别标记为区域 I 和 II，而将物理空间中介于边界曲线 a 和 b 的区域以及以 a 为边界曲线的区域分别标记为区域 III 和 IV。区域 III 从虚拟空间到物理空间的变换函数可表示为

$$r' = (b-a)r/(b-c) + (a-c)b/(b-c)，\quad \theta' = \theta，\quad z' = z \tag{6-28}$$

根据式(3-31)，则热变形器所需材料参数的表达式可求得如下：

$$\kappa'_{\mathrm{III}} = T \begin{bmatrix} (A_{11}^2 + A_{12}^2)/A_{11}A_{22} & A_{12}/A_{11} & 0 \\ A_{12}/A_{11} & A_{22}/A_{11} & 0 \\ 0 & 0 & 1/A_{11}A_{22} \end{bmatrix} T^{\mathrm{T}} \kappa_{\mathrm{I}} \tag{6-29a}$$

$$\rho'_{\mathrm{III}} C'_{\mathrm{III}} = \rho_{\mathrm{I}} C_{\mathrm{I}}/(A_{11}A_{22}) \tag{6-29b}$$

式中，$T = \begin{bmatrix} \cos\theta & -\sin\theta & 0 \\ \sin\theta & \cos\theta & 0 \\ 0 & 0 & 1 \end{bmatrix}$，$T^{\mathrm{T}}$ 是 T 的转置矩阵，κ_{I}、ρ_{I} 和 C_{I} 分别为区域 I 的热导率、密度和热容，$A_{11} = (b-a)/(b-c)$，$A_{12} = [a'(c-b) + b'(a-c) + c'(b-a)](r'-b)/[r(b-c)(b-a)] + (a-c)b'/(b-c)r$，$A_{22} = r'/r$，$a' = \partial a/\partial\theta$，$b' = \partial b/\partial\theta$ 和 $c' = \partial c/\partial\theta$。

对于区域 IV，变换函数为

$$r' = (a/c)r，\quad \theta' = \theta，\quad z' = z \tag{6-30}$$

借助式(3-31)，则物体与等效物体之间的材料参数关系式可求得为

$$\kappa'_{\mathrm{IV}} = T \begin{bmatrix} (B_{11}^2 + B_{12}^2)/(B_{11}B_{22}) & B_{12}/B_{11} & 0 \\ B_{12}/B_{11} & B_{22}/B_{11} & 0 \\ 0 & 0 & 1/(B_{11}B_{22}) \end{bmatrix} T^{\mathrm{T}} \kappa_{\mathrm{II}} \tag{6-31a}$$

$$\rho'_{IV}C'_{IV} = \rho_{II}C_{II}/(B_{11}B_{22}) \tag{6-31b}$$

式中，$B_{11} = a/c$，$B_{12} = (a'c - c'a)/c^2$ 和 $B_{22} = r'/r$。

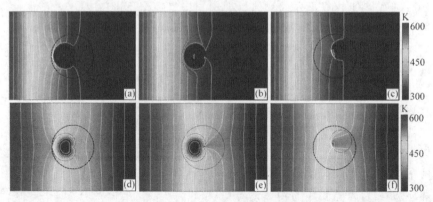

图 6-26　热变形器的仿真结果

(a) $t = 4 \times 10^3$s 时热电路板附近的温度场分布；(b)　$t = 4 \times 10^3$s 时热变形器对热电路板的幻影效果；
(c)等效圆柱形物体附近的温度场分布；(d)～(f)是与(a)～(c)相对应的 $t = 5 \times 10^4$s 时的温度场分布[15]

图 6-26 描述了热变形器的数值仿真结果。边界曲线分别为 $a = 0.15(1 - \cos\theta)$，$b = 0.5$ 和 $c = x_0\cos\theta + y_0\sin\theta + \sqrt{(r_c^2 - x_0^2 - y_0^2) + (x_0\cos\theta + y_0\sin\theta)^2}$，其中 x_0、y_0 和 r_c 为常数。区域 I 和 IV 分别是铜和热电路板。区域 II 和 III 的材料参数可由式(6-29)和式(6-31)决定。图 6-26(a)和(b)分别给出了没有和有热变形器时电路板附近的温度场分布，图 6-26(c)是等效圆柱形物体周边的温度场分布。热流从左向右扩散，高温区和低温区的温度分别为 600K 和 300K，仿真时刻 $t = 4 \times 10^3$s。图 6-26(d)～(f)是与图 6-26(a)～(c)中情况相对应 $t = 5 \times 10^4$s 时的温度场分布。由图可以看出，不同时刻没有和有热变形器时，热电路板附近的温度场分布完全不同。而在热变形器作用下，热电路板能呈现出与等效圆柱形物体相同的温度场分布。因此，热变形器能将热电路板幻影成圆柱形物体。接下来，将介绍另一种幻影装置，即热缩小装置[16]。

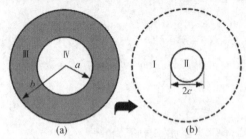

图 6-27　热缩小装置坐标变换示意图

(a)物理空间；(b)虚拟空间

图 6-27 是热缩小装置的坐标变换示意图。其中，图 6-27(a)和(b)分别表示物理空间和虚拟空间。热缩小装置是电磁缩小装置在热力学领域的扩展应用。它的坐标变换过程只涉及径向变换，而与角向和轴向无关，可通过将虚拟空间中 $0 < r < c$ 的圆柱形区域沿径向扩展为物理空间中 $0 < r' < a$ 的区域，同时保持变换前后外边界 $r = r' = b$ 不变来实现。特别地，若 $c = 0$，则该装置演变为封闭式热斗篷。假定虚拟空间到物理空间通过线性函数映射，则根据上述坐标变换过程引入的边界条件 $r = c$、$r' = a$ 和 $r = r' = b$，热缩小装置的变换函数

可表示为

$$r' = k_1(r-c)+a , \quad \theta' = \theta , \quad z' = z \tag{6-32}$$

式中，$k_1 = (b-a)/(b-c)$。先将式(6-32)转换为直角坐标系下的函数形式，然后再根据式(3-31)，便可求出实现热缩小装置所需材料参数的表达式，具体如下：

$$\kappa'_{\mathrm{III}} = \begin{bmatrix} A\cos^2\theta + B\sin^2\theta & (A-B)\sin\theta\cos\theta & 0 \\ (A-B)\sin\theta\cos\theta & B\cos^2\theta + A\sin^2\theta & 0 \\ 0 & 0 & D \end{bmatrix} \kappa_I \tag{6-33a}$$

$$\rho'_{\mathrm{III}} C'_{\mathrm{III}} = D\rho_I C_I \tag{6-33b}$$

式中，$A = (r'-a+k_1 c)/r'$，$B = r'/(r'-a+k_1 c)$ 和 $D = (r'-a+k_1 c)/k_1^2 r'$。类似地，大尺寸物体和小尺寸等效虚拟物之间的变换函数可表示为

$$r' = (a/c)r , \quad \theta' = \theta , \quad z' = z \tag{6-34}$$

两者之间的材料参数关系式求得为

$$\kappa'_{\mathrm{IV}} = \begin{bmatrix} 1 & 0 & 0 \\ 0 & 1 & 0 \\ 0 & 0 & (c/a)^2 \end{bmatrix} \kappa_{\mathrm{II}} \tag{6-35a}$$

$$\rho'_{\mathrm{IV}} C'_{\mathrm{IV}} = (c/a)^2 \rho_{\mathrm{II}} C_{\mathrm{II}} \tag{6-35b}$$

下面将用一个具体实例来验证热缩小装置的虚拟缩小效果。图 6-28(a)和(b)分别描述了 $t = 4 \times 10^3 \mathrm{s}$ 时没有和有热缩小装置情况下大尺寸热电路板附近的温度场分布。对比两幅图不难发现，两种情况的温度场分布完全不同。也就是说，在热缩小装置的作用下，大尺寸热电路板附近的温度场分布发生了改变。图 6-28(c)对应小尺寸等效圆柱形物体周边的温度场分布，该物体的材料参数由式(6-35)决定。显而易见，在热缩小装置的外部，即 $r' > b$ 的区域，图 6-28(b)和(c)的温度场分布完全一样。这表明热缩小装置确实能将一个大尺寸的物体按照预先设定的比例虚拟缩小成一个小尺寸的物体。

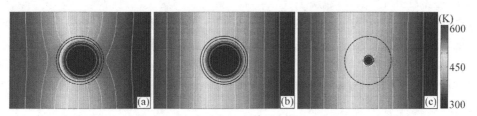

图 6-28　没有和有热缩小装置时大尺寸热电路板以及小尺寸
等效圆柱形物体附近的温度场分布[16]

(a)没有热缩小装置时大尺寸热电路板；(b)有热缩小装置时大尺寸热电路板；(c)小尺寸等效圆柱形物体

6.3.4　热旋转器

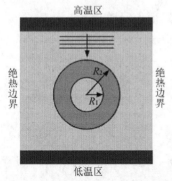

图 6-29　热旋转器模型示意图

前述的所有热力学器件都是基于径向变换得到的，事实上通过角向旋转变换也可设计出一些有趣的装置，热旋转器就是其中的典范。

热旋转器[17]是电磁旋转器[18]向热力学领域的拓展，其模型示意图如图 6-29 所示。该器件从虚拟空间到物理空间的变换函数定义为

$$\begin{cases} r'=r,\ z'=z,\ \theta'=\theta+\theta_0 & r'<R_1 \\ r'=r,\ z'=z,\ \theta'=\theta+\theta_0\,\dfrac{f(R_2)-f(r)}{f(R_2)-f(R_1)} & R_1<r'<R_2 \\ r'=r,\ z'=z,\ \theta'=\theta & r'>R_2 \end{cases} \quad (6\text{-}36)$$

此变换将 $r'<R_1$ 的区域整体旋转了 θ_0，而在 $R_1<r'<R_2$ 的区域，当半径由 $r'=R_1$ 慢慢接近于 $r'=R_2$ 时，旋转角度由 θ_0 逐渐减小至 0。将式(6-36)转换为直角坐标系下的函数形式，然后根据式(3-31)不难发现，对于 $r'<R_1$ 和 $r'>R_2$ 的区域，坐标变换前后的材料参数一致；对于 $R_1<r'<R_2$ 的区域，相应的材料参数表达式如下：

$$\kappa'=\begin{bmatrix} 1+2t(x'y'/r^2)+t^2(y'^2/r^2) & -t^2(x'y'/r^2)-t(x'^2/r^2-y'^2/r^2) & 0 \\ -t^2(x'y'/r^2)-t(x'^2/r^2-y'^2/r^2) & 1-2t(x'y'/r^2)+t^2(x'^2/r^2) & 0 \\ 0 & 0 & 1 \end{bmatrix}\kappa \quad (6\text{-}37\mathrm{a})$$

$$\rho'C'=\rho C \quad (6\text{-}37\mathrm{b})$$

式中，$t=\theta_0 rf'(r)/[f(R_2)-f(R_1)]$。作为例子，选取 $f(r)=r$ 来研究热旋转器的热力学特性。

图 6-30(a)～(c)分别描述了 $t=0.005\mathrm{s}$，$t=0.01\mathrm{s}$ 和 $t=0.1\mathrm{s}$ 时热旋转器附近的温度场分布。图中纵向实线表示等温线分布。仿真条件如下：旋转器的内半径 $R_1=5\times10^{-5}\,\mathrm{m}$，外半径 $R_2=3\times10^{-4}\,\mathrm{m}$，旋转角 $\theta_0=3\pi/4$，虚拟空间的热扩散系数 $\kappa/(\rho C)=1.1\times10^{-5}\,\mathrm{m}^2/\mathrm{s}$。热流从上往下扩散。显然，与旋转器外部($r'>R_2$)的等温线分布相比，其内部($r'<R_1$)的等温线分布恰好旋转了 $3\pi/4$。这意味着在 $r'<R_1$ 的区域热流会从低温区向高温区扩散，即该区域出现了负热导率现象。此外，不难发现，在 $R_1<r'<R_2$ 的区域热流会有规律地平滑旋转。因此热旋转器对外部观察者来说，其自身是不可见的。另外，为说明扭曲的物理空间，图 6-30(d)给出了 $t\geqslant0.1\mathrm{s}$ 时纵向等温线和横向热流线交叉形成的网格。

图 6-31 是旋转角 $\theta_0=\pi/2$ 时热旋转器的仿真结果。不同时刻热旋转器附近的温度场分布如图 6-31(a)～(c)所示，等温线和横向热流线交叉形成的网格如图 6-31(d)所示。旋转器的内外半径分别为 $R_1=1\times10^{-4}\,\mathrm{m}$ 和 $R_2=3\times10^{-4}\,\mathrm{m}$，其他仿真条件与图 6-30

相同。由图可以清楚地看出，热旋转器能很好地实现热流旋转，负热导率现象在 $r'<R_1$ 的区域明显，而在 $R_1<r'<R_2$ 的区域不明显。

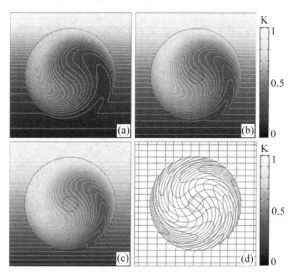

图 6-30　旋转角 $\theta_0=3\pi/4$ 时不同时刻热旋转器附近的温度场分布 [17]

(a) $t=0.005\mathrm{s}$ ； (b) $t=0.01\mathrm{s}$ ； (c) $t=0.1\mathrm{s}$ ； (d) $t\geqslant0.1\mathrm{s}$ 时纵向等温线和横向热流线交叉形成的网格

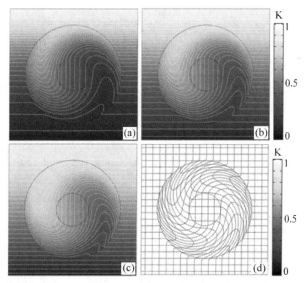

图 6-31　旋转角 $\theta_0=\pi/2$ 时不同时刻热旋转器附近的温度场分布 [17]

(a) $t=0.005\mathrm{s}$ ； (b) $t=0.01\mathrm{s}$ ； (c) $t=0.1\mathrm{s}$ ； (d) $t\geqslant0.1\mathrm{s}$ 时纵向等温线和横向热流线交叉形成的网格

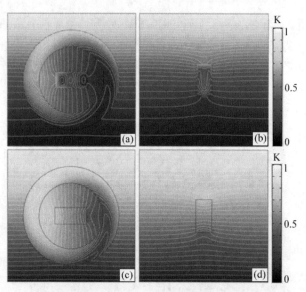

图 6-32　热旋转器的仿真结果[17]

(a) $t=0.005\text{s}$ 时热旋转器对水平放置矩形导体的旋转效果；(b) $t=0.005\text{s}$ 时垂直放置矩形导体附近的温度场分布；(c) 和 (d) 是与 (a) 和 (b) 相对应的 $t=0.1\text{s}$ 时的温度场分布

图 6-32 (a) 和 (c) 分别描述了 $t=0.005\text{s}$ 和 $t=0.1\text{s}$ 时热旋转器对水平放置矩形导体的旋转效果。为作比较，图 6-32 (b) 和 (d) 给出了不同时刻垂直放置矩形导体附近的温度场分布。由图不难发现，在 $r'>R_2$ 的区域热旋转器作用下水平放置矩形导体周边的温度场分布与垂直放置矩形导体的情况完全相同。这表明当把物体按图 6-32 (a) 和 (c) 的方式放置于旋转器内部时，外部观察者会误认为该物体是按图 6-32 (b) 和 (d) 的方式放置的。

参 考 文 献

[1]　Leonhardt U. Applied physics: Cloaking of heat [J]. Nature, 2013, 498 (7455): 440-441.

[2]　Fan C Z, Gao Y, Huang J P. Shaped graded materials with an apparent negative thermal conductivity [J]. Appl. Phys. Lett., 2008, 92 (25): 251907.

[3]　Yu G X, Lin Y F, Zhang G Q, et al. Design of square-shaped heat flux cloaks and concentrators using method of coordinate transformation [J]. Front. Phys., 2011, 6 (1): 70-73.

[4]　Han T C, Yuan T, Li B W, et al. Homogeneous thermal cloak with constant Conductivity and tunable heat localization [J]. Sci. Rep., 2013, 3: 1593.

[5]　Ooi E H, Popov V. Transformation thermodynamics for heat flux management based on segmented thermal cloaks [J]. Eur. Phys. J. Appl. Phys., 2013, 63 (1): 10903.

[6]　Yang T Z, Huang L J, Chen F, et al. Heat flux and temperature field cloaks for arbitrarily shaped objects [J]. J. Phys. D: Appl. Phys., 2013, 46 (30): 305102.

[7]　毛福春, 李廷华, 黄铭, 等. 任意横截面柱形热斗篷研究与设计[J]. 物理学报, 2014, 63 (1): 014401.

[8] Guenneau S, Amra C, Veynante D. Transformation thermodynamics: Cloaking and concentrating heat flux [J]. Opt. Express, 2012, 20(7): 8207-8218.

[9] Han T C, Wu Z M.Three-dimensional thermal cloak with homogeneous and nonsingular conductive materials [J]. Prog. Electromagn. Res., 2013, 143: 131-141.

[10] Ma Y G, Lan L, Jiang W, et al. A transient thermal cloak experimentally realized through a rescaled diffusion equation with anisotropic thermal diffusivity [J]. NPG Asia Mater., 2013, 5: e73.

[11] Han T C, Zhao J J, Yuan T, et al. Theoretical realization of an ultra-efficient thermal energy harvesting cell made of natural materials [J]. Energy Environ. Sci., 2013, 6: 3537-3541.

[12] 李廷华, 毛福春, 黄铭, 等. 基于变换热力学的任意形状热集中器研究与设计[J]. 物理学报, 2014, 63(5): 054401.

[13] Gao Y, Huang J P.Unconventional thermal cloak hiding an object outside the cloak [J]. Europhys. Lett., 2013, 104(4): 44001.

[14] He X, Wu L Z. Design of two-dimensional open cloaks with finite material parameters for thermodynamics [J]. Appl. Phys. Lett., 2013, 102(21): 211912.

[15] He X, Wu L Z. Illusion thermodynamics: A camouflage technique changing an object into another onewith arbitrary cross section [J]. Appl. Phys. Lett., 2014, 105(22): 221904.

[16] Jiang W X, Cui T J, Yang X M, et al. Shrinking an arbitrary object as one desires using metamaterials [J]. Appl. Phys. Lett., 2011, 98(20): 204101.

[17] Guenneau S,Amra C. Anisotropic conductivity rotates heat fluxes in transient regimes [J]. Opt. Express, 2013, 21(5): 6578-6583.

[18] Chen H, Chan C T. Transformation media that rotate electromagnetic fields [J]. Appl. Phys. Lett., 2007, 90(24): 241105.

第 7 章　变换科学在其他领域的应用

鉴于其他物理学基本方程与 Maxwell 方程具有一定的类比性,变换电磁学[1]的思想迅速推广至声学[2]、热力学[3]、静电学[4]、静磁学[5]、等离子体[6]、弹性力学[7]、物质波[8]及物质扩散[9]等领域,并逐渐形成一门新的学科——变换科学。在本章中,将介绍变换科学在其他领域的应用。

7.1　变换静电/磁学及应用

众所周知,在场量不随时间变化的情况下,Maxwell 方程中的电场和磁场去耦,一组方程描述静电场特性,另一组方程表征静磁场特性。近年来,源于 Maxwell 方程的坐标变换形式不变性,变换静电学和变换静磁学作为变换电磁学的两种特例为任意控制静电场和静磁场开辟了新的思路,同时也为灵活设计超材料静电器件和静磁器件提供了便捷有利的途径 [4, 5, 10-17]。在本节中,将对典型静电、静磁器件进行介绍,其中包括封闭式静电斗篷、虚拟空间无磁介质的静磁集中器和虚拟空间有磁介质的静磁场相消装置。

7.1.1　封闭式静电斗篷

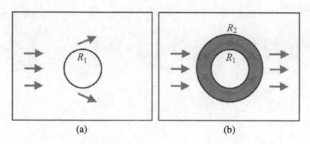

图 7-1　圆柱形封闭式静电斗篷坐标变换示意图

(a) 虚拟空间；(b) 物理空间

封闭式静电斗篷在电阻抗体层成像、鱼雷或地雷隐身等方面具有潜在的应用前景[4, 10, 11]。图 7-1 给出了圆柱形斗篷的坐标变换示意图。其中,图 7-1 (a) 和 (b) 分别对应虚拟空间和物理空间。类似于前几章中介绍的圆柱形封闭式斗篷,直角坐标系下该静电斗篷的变换函数可定义为

$$x' = (R_2 - R_1)x/R_2 + R_1 x/r \tag{7-1a}$$

$$y' = (R_2 - R_1)y/R_2 + R_1 y/r \tag{7-1b}$$

$$z' = z \tag{7-1c}$$

然后根据式(3-16)，便可求出实现封闭式静电斗篷所需电导率的张量表达式，具体如下：

$$\sigma' = \begin{bmatrix} \sigma'_{xx} & \sigma'_{xy} & \sigma'_{xz} \\ \sigma'_{yx} & \sigma'_{yy} & \sigma'_{yz} \\ \sigma'_{zx} & \sigma'_{zy} & \sigma'_{zz} \end{bmatrix} = \begin{bmatrix} A\cos^2\theta + B\sin^2\theta & (A-B)\sin\theta\cos\theta & 0 \\ (A-B)\sin\theta\cos\theta & B\cos^2\theta + A\sin^2\theta & 0 \\ 0 & 0 & AR_2^2/(R_2-R_1)^2 \end{bmatrix} \tag{7-2}$$

式中，$A = (r'-R_1)/r'$，$B = r'/(r'-R_1)$ 和 $r' = \sqrt{x'^2 + y'^2}$。需要指出的是，这里虚拟空间的热导率假定为 $\sigma = 1\,\mathrm{S/m}$。图 7-2 是封闭式静电斗篷的仿真结果。其中，图 7-2(a) 和 (b) 分别对应没有和有斗篷时理想导体周边的电势分布。图中实线表示等势线。显然，在斗篷的作用下，电势分布规则有序，等势线能很好地恢复到初始状态。因此，理想导体能被完美隐藏。

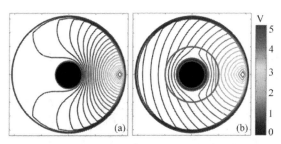

图 7-2　没有和有封闭式静电斗篷时理想导体附近的电势分布[11]

(a) 没有；(b) 有

7.1.2　静磁集中器

在本小节中，将以静磁集中器为例，介绍当虚拟空间中无磁介质时超材料器件的设计。静磁集中器在增加磁性传感器的灵敏度、提高经颅磁刺激的性能和改善磁共振成像的空间分辨率等方面有着潜在应用[14, 15]。

图 7-3 是圆柱形静磁集中器的模型示意图，该集中器的坐标变换过程与第 4 章中介绍的圆柱形电磁集中器完全相同。在直角坐标系下，

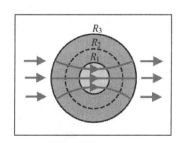

图 7-3　圆柱形静磁集中器模型示意图

集中器核心区从虚拟空间到物理空间的变换函数可表示为

$$x' = R_1 x/R_2, \quad y' = R_1 y/R_2, \quad z' = z \tag{7-3}$$

对于集中器的外壳区，有

$$x' = (R_3 - R_1)x/(R_3 - R_2) - (R_2 - R_1)R_3 x/(R_3 - R_2)r \tag{7-4a}$$

$$y' = (R_3 - R_1)y/(R_3 - R_2) - (R_2 - R_1)R_3 y/(R_3 - R_2)r \tag{7-4b}$$

$$z' = z \tag{7-4c}$$

借助式(3-20)，实现静磁集中器核心区和外壳区所需材料的磁导率张量表达式可分别求得如下：

$$\mu' = \begin{bmatrix} 1 & 0 & 0 \\ 0 & 1 & 0 \\ 0 & 0 & (R_2/R_1)^2 \end{bmatrix} \tag{7-5}$$

$$\mu' = \begin{bmatrix} (a_1^2 + a_2^2)/(a_1 b_2 - a_2^2) & (a_1 + b_2)a_2/(a_1 b_2 - a_2^2) & 0 \\ (a_1 + b_2)a_2/(a_1 b_2 - a_2^2) & (a_2^2 + b_2^2)/(a_1 b_2 - a_2^2) & 0 \\ 0 & 0 & 1/(a_1 b_2 - a_2^2) \end{bmatrix} \tag{7-6}$$

式中，$a_1 = (R_3 - R_1)/(R_3 - R_2) - (R_2 - R_1)R_3 y^2/[(R_3 - R_2)r^3]$，$a_2 = (R_2 - R_1)R_3 xy/[(R_3 - R_2)r^3]$，$b_2 = (R_3 - R_1)/(R_3 - R_2) - (R_2 - R_1)R_3 x^2/[(R_3 - R_2)r^3]$。虚拟空间假定为自由空间。图 7-4(a)和(b)分别描述了圆柱形静磁集中器附近的磁势分布和磁流密度分布。图中实线表示等势线。由图可以看出，等势线向核心区会聚，区域磁能增强。这表明该集中器具有完美的聚焦效果。

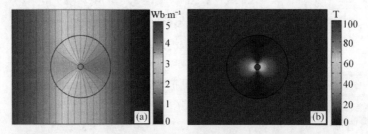

图 7-4 圆柱形静磁集中器附近的磁势分布和磁流密度分布

(a)磁势分布；(b)磁流密度分布

7.1.3 静磁场相消装置

由 3.2 节知，对于虚拟空间中存在磁介质的情况，设计超材料静磁器件时除了需要考虑磁导率，还应考虑磁化强度。接下来将以静磁场相消装置[17]为例进行介绍。

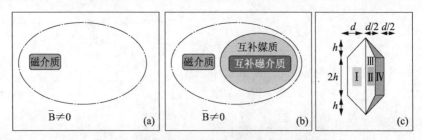

图 7-5 静磁场相消原理和装置模型示意图[17]

(a)、(b)原理；(c)装置模型

静磁场相消装置背后的物理机理源于互补媒质理论。图 7-5(a)中磁介质产生的非零磁场可通过利用如图 7-5(b)所示的互补媒质和互补磁介质来实现相消。图 7-5(c)是静磁场相消装置的模型示意图。其中，区域 I、II、III 和 IV 分别表示磁介质、互补磁介质、互补媒质区和恢复媒质区。恢复媒质区用以使相消空间中正确的波传播路径得以恢复。区域 III 的变换函数为

$$x' = x/2 , \quad y' = y , \quad z' = z \tag{7-7}$$

区域 IV 的变换函数为

$$x' = (x/4 + 3d/4)(A - B) + (-3y/4 + x/4 + 3d/2)B + (3y/4 + x/4 + 3d/2)C \tag{7-8a}$$

$$y' = y , \quad z' = z \tag{7-8b}$$

式中，$A = u(y+d)$，$B = u(y-d)$ 和 $C = u(-y-d)$。函数 u 定义为 $u(\xi) = \begin{cases} 1, & \xi \geqslant 1 \\ 0, & \xi < 0 \end{cases}$。将

式(7-7)代入式(3-20)，则互补磁介质的材料参数张量表达式可很容易求出，具体表示为

$$\mu' = \begin{bmatrix} -1/2 & 0 & 0 \\ 0 & -2 & 0 \\ 0 & 0 & -2 \end{bmatrix} \mu \tag{7-9a}$$

$$M' = \begin{bmatrix} 1 & 0 & 0 \\ 0 & -2 & 0 \\ 0 & 0 & -2 \end{bmatrix} M \tag{7-9b}$$

式中，μ 和 M 分别为磁介质的磁导率和磁化强度。对于场相消装置的互补媒质区和恢复媒质区，由于坐标变换过程不涉及磁介质，材料参数只与磁导率有关。根据式(3-20)，两区域的磁导率张量表达式可分别求得为

$$\mu' = \begin{bmatrix} -1/2 & 0 & 0 \\ 0 & -2 & 0 \\ 0 & 0 & -2 \end{bmatrix} \tag{7-10}$$

$$\begin{cases} \mu' = \begin{bmatrix} 2.5 & 3 & 0 \\ 3 & 4 & 0 \\ 0 & 0 & 4 \end{bmatrix} & x \in [0,d] \, \& \, y \in [-2d,-d] \\[18pt] \mu' = \begin{bmatrix} 0.25 & 0 & 0 \\ 0 & 4 & 0 \\ 0 & 0 & 4 \end{bmatrix} & x \in [0.5d,d] \, \& \, y \in [-d,d] \\[18pt] \mu' = \begin{bmatrix} 2.5 & 3 & 0 \\ 3 & 4 & 0 \\ 0 & 0 & 4 \end{bmatrix} & x \in [0,d] \, \& \, y \in [d,2d] \end{cases} \tag{7-11}$$

相应的数值仿真结果如图 7-6 所示。图 7-6(a)描述了磁介质产生的非零磁场的磁流密度分布。由图不难看出，在虚线框以外的区域，磁流密度不为零。图 7-6(b)是静磁场相消装置对非零磁场的相消效果。显然，当把互补磁介质、互补媒质和恢复媒质增加到磁介质周边时，整个架构以外的磁流密度趋于零。因此，这种装置在磁场屏蔽等领域具有重要应用价值。

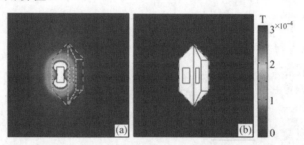

图 7-6　自由空间中磁介质产生的非零磁场以及静磁场相消装置对其的相消效果[17]

(a)磁介质产生的非零磁场的磁流密度分布；(b)静磁场相消装置对非零磁场的相消效果

7.2　变换等离子体及应用

表面等离子体是一种在金属与介质表面传播的非辐射电磁波，其场分布在垂直于分界面方向上按指数衰减[18]。变换电磁学是基于 Maxwell 方程在坐标变换下的形式不变性得到的，因此可以运用于所有电磁波，当然也包括表面等离子体。为有所区别，将变换电磁学理论在等离子体波控制中的应用称为变换等离子体[19, 20]。与该理论相关的公式可参照式(3-14)。近年来，变换等离子体作为变换电磁学的一个重要分支已经充分展现其在新型功能等离子体器件设计中的神奇魅力，并具有许多新的应用前景[21-27]。

严格地讲，由于表面等离子体在金属层和介质层中均有分布，在应用变换等离子体理论时，为使表面等离子体波按照所希望的方式进行传播，理论上应同时对金属层和介质层进行坐标变换，但研究发现仅对介质层作变换也能得到令人满意的结果[19]。接下来，将介绍一些典型的超材料等离子体器件，这些器件的坐标变换均只涉及介质层变换。

7.2.1　封闭式等离子体斗篷

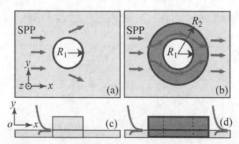

图 7-7　三维圆柱形封闭式等离子体斗篷坐标变换示意图[19]

(a)和(c)虚拟空间；(b)和(d)物理空间

图 7-7 是三维圆柱形封闭式等离子体斗篷[19, 20]的坐标变换示意图。圆柱坐标系下，该斗篷从虚拟空间到物理空间的变换函数为

$$r' = (R_2 - R_1)r/R_2 + R_1, \quad \theta' = \theta, \quad z' = z \tag{7-12}$$

先将式(7-12)转换为直角坐标系下的函数形式，然后再根据式(3-14)，便可计算出实现斗篷所需材料参数的张量表达式，具体为

$$\varepsilon' = \begin{bmatrix} A\cos^2\theta + B\sin^2\theta & (A-B)\sin\theta\cos\theta & 0 \\ (A-B)\sin\theta\cos\theta & B\cos^2\theta + A\sin^2\theta & 0 \\ 0 & 0 & AR_2^2/(R_2-R_1)^2 \end{bmatrix}\varepsilon \tag{7-13}$$

$$\mu' = \begin{bmatrix} A\cos^2\theta + B\sin^2\theta & (A-B)\sin\theta\cos\theta & 0 \\ (A-B)\sin\theta\cos\theta & B\cos^2\theta + A\sin^2\theta & 0 \\ 0 & 0 & AR_2^2/(R_2-R_1)^2 \end{bmatrix}\mu \tag{7-14}$$

式中，$A = (r' - R_1)/r'$，$B = r'/(r' - R_1)$ 和 $r' = \sqrt{x'^2 + y'^2}$。ε 和 μ 分别为介质层的介电常数和磁导率。金属层的介电常数一般采用 Drude 模型来表示，其满足 $\varepsilon_m(\omega) = \varepsilon_\infty - \omega_p^2/\omega(\omega + i\gamma_c)$，其中 ε_∞ 是用来描述带间跃迁的一个常数，ω_p 为等离子共振频率，γ_c 为电子碰撞频率。图 7-8(a)和(c)分别给出了没有圆柱形封闭式等离子体斗篷时金属圆柱体附近磁场分布的 xOy 平面视图和 xOz 平面视图。图 7-8(c)和(d)是与图 7-8(a)和(b)相对应的有斗篷时的情况。由图可以看出，无斗篷时金属圆柱体严重干扰了表面等离子体波的传播，场分布出现了锋利的前向阴影和明显的后向散射。有斗篷时，等离子体波能平滑绕过金属圆柱体，阴影和散射不明显。

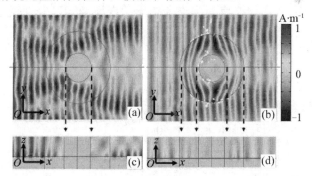

图 7-8　三维圆柱形封闭式等离子体斗篷的仿真结果[20]

(a)没有和(b)有斗篷时金属圆柱体附近磁场分布的 xOy 平面视图；
(c)和(d)是与(a)和(b)相对应的磁场分布的 xOz 平面视图

对于其他形状封闭式等离子体斗篷，设计过程类似。作为例子，图 7-9(a)和(b)分别描述了没有和有三维菱形封闭式等离子体斗篷[21]时金属菱柱体附近磁场分布的三维视图。这种斗篷通过沿正交方向进行线性变换得到，能有效避免径向圆柱形斗篷材料参数存在非均匀性的问题。

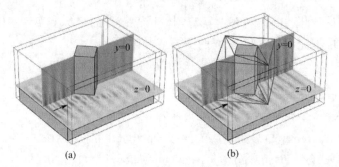

图 7-9　没有和有三维菱形封闭式等离子体斗篷时金属菱柱体附近磁场分布的三维视图[21]

(a)没有；(b)有

7.2.2　等离子体集中器

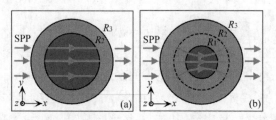

图 7-10　三维圆柱形等离子体集中器坐标变换示意图

(a)虚拟空间；(b)物理空间

三维圆柱形等离子体集中器[20]的坐标变换示意图如图 7-10 所示。圆柱坐标系下，集中器核心区和外壳区从虚拟空间到物理空间的变换函数可分别表示为

$$r' = (R_1/R_2)r, \quad \theta' = \theta, \quad z' = z \tag{7-15}$$

$$r' = (R_3 - R_1)r/(R_3 - R_2) - (R_2 - R_1)R_3/(R_3 - R_2), \quad \theta' = \theta, \quad z' = z \tag{7-16}$$

将其转换为直角坐标下的函数形式，再借助式(3-14)，便可求出实现等离子体集中器所需材料参数的表达式。对于集中器的核心区和外壳区，分别有

$$\varepsilon' = \mu' = \begin{bmatrix} 1 & 0 & 0 \\ 0 & 1 & 0 \\ 0 & 0 & (R_2/R_1)^2 \end{bmatrix} \tag{7-17}$$

$$\varepsilon' = \mu' = \begin{bmatrix} (a_1^2 + a_2^2)/(a_1 b_2 - a_2^2) & (a_1 + b_2)a_2/(a_1 b_2 - a_2^2) & 0 \\ (a_1 + b_2)a_2/(a_1 b_2 - a_2^2) & (a_2^2 + b_2^2)/(a_1 b_2 - a_2^2) & 0 \\ 0 & 0 & 1/(a_1 b_2 - a_2^2) \end{bmatrix} \tag{7-18}$$

式中 $a_1 = (R_3 - R_1)/(R_3 - R_2) - (R_2 - R_1)R_3 y^2/[(R_3 - R_2)r^3]$，

$a_2 = (R_2 - R_1)R_3 xy/[(R_3 - R_2)r^3]$，$b_2 = (R_3 - R_1)/(R_3 - R_2) - (R_2 - R_1)R_3 x^2/[(R_3 - R_2)r^3]$。

需要指出的是，涉及坐标变换的介质层假定为自由空间。图 7-11 (a) 和 (b) 分别对应三维圆柱形等离子体集中器附近磁场分布的 xOy 平面视图和 xOz 平面视图。由图可见，在集中器作用下，表面等离子体波会有规律地向核心区靠拢，并表现出近场集中现象。

7.2.3 其他等离子体器件

在本小节中，将介绍变换等离子体理论在其他等离子体器件设计中的应用，如等离子体旋转器、波束压缩器、波导弯曲器、耦合器和开腔谐振器。

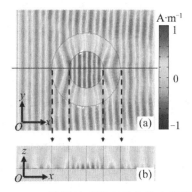

图 7-11 三维圆柱形等离子体集中器附近磁场分布[20]

(a)xOy 平面视图；(b)xOz 平面视图

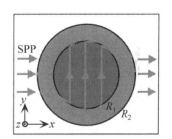

图 7-12 三维圆柱形等离子体旋转器模型示意图

图 7-12 给出了三维圆柱形等离子体旋转器[20]的模型示意图。该旋转器是电磁旋转器[28]在等离子体领域的扩展应用，其从虚拟空间到物理空间的变换函数定义为

$$\begin{cases} r'=r,\ z'=z,\ \theta'=\theta+\theta_0 & r'<R_1 \\ r'=r,\ z'=z,\ \theta'=\theta+\theta_0\ \dfrac{f(R_2)-f(r)}{f(R_2)-f(R_1)} & R_1<r'<R_2 \\ r'=r,\ z'=z,\ \theta'=\theta & r'>R_2 \end{cases} \quad (7\text{-}19)$$

式中，θ_0 为旋转角。旋转器不同区域的材料参数表达式可根据变换等离子体理论求出。对于 $r'<R_1$ 和 $r'>R_2$ 的区域，坐标变换前后的材料参数不发生改变。对于 $R_1<r'<R_2$ 的区域，有

$$\varepsilon'=\mu'=\begin{bmatrix} 1+2t(x'y'/r^2)+t^2(y'^2/r^2) & -t^2(x'y'/r^2)-t(x'^2/r^2-y'^2/r^2) & 0 \\ -t^2(x'y'/r^2)-t(x'^2/r^2-y'^2/r^2) & 1-2t(x'y'/r^2)+t^2(x'^2/r^2) & 0 \\ 0 & 0 & 1 \end{bmatrix} \quad (7\text{-}20)$$

式中，$t=\theta_0 rf'(r)/[f(R_2)-f(R_1)]$。图 7-13 示出了 $\theta_0=45°$ 时三维圆柱形等离子体旋转

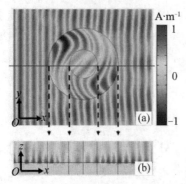

图 7-13 三维圆柱形等离子体旋转器附近的磁场分布[20]

(a) xOy 平面视图；(b) xOz 平面视图

器周边的磁场分布。其中，图 7-13 (a) 和 (b) 分别对应磁场分布的 xOy 平面视图和 xOz 平面视图。由图不难看出，当表面等离子体波传播到旋转器时，其会自然地发生偏转，旋转角由 0° 逐渐增大至 45°。

图 7-14 (a) 和 (b) 分别描述了三维等离子体波束压缩器[22]的坐标变换示意图和模型示意图。压缩器的输入和输出宽度分别为 a 和 b，器件的长度为 l。器件从虚拟空间到物理空间的变换函数选择为指数函数，具体满足如下方程的形式：

$$x' = x , \quad y' = y(b/a)^{x/l} , \quad z' = z \tag{7-21}$$

通过结合式 (7-21) 和式 (3-14)，实现三维等离子体波束压缩器的材料参数表达式可求得如下：

$$\varepsilon' = \mu' = \begin{bmatrix} A & B & 0 \\ B & (1+B^2)/A & 0 \\ 0 & 0 & A \end{bmatrix} \tag{7-22}$$

式中，$A = (b/a)^{-x/l}$ 和 $B = (b/a)^{-x/l}[y' In(b/a)/l]$。

图 7-15 给出了三维等离子体波束压缩器附近电场分布的三维视图。与波束压缩器几何尺寸相关的参数设置为 $a = 6\mu m$，$b = 3\mu m$ 和 $l = 2\mu m$。幅度沿 y 轴呈高斯分布的表面等离子体波沿金属表面传播并垂直入射到压缩器上，入射波波长为 $\lambda = 600nm$。由图可以看出，波束压缩器对表面等离子体波具有很好的控制效果，其能使入射波束均匀压缩，且中间过程几乎无能量损耗。

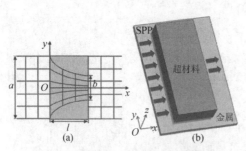

图 7-14 三维等离子体波束压缩器[22]

(a) 坐标变换示意图；(b) 模型示意图

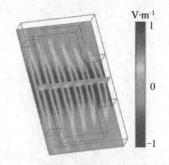

图 7-15 三维等离子体波束压缩器附近的电场分布的三维视图[22]

接下来，将对三维等离子体波导弯曲器[22]进行介绍。波导弯曲器可用于改变表面等离子体波的传播方向，其坐标变换示意图和模型示意图分别见图 7-16(a) 和(b)。弯曲器可通过将长度为 b 的正方形区域变换成一个 1/4 的圆区域得到，与之对应的变换函数为

$$r' = y, \quad \theta' = (b-x)\pi/2b, \quad z' = z \tag{7-23}$$

根据变换等离子体理论，所需材料参数的表达式可求得为

$$\varepsilon' = \mu' = \begin{bmatrix} 2b/\pi r & 0 & 0 \\ 0 & \pi r/2b & 0 \\ 0 & 0 & 2b/\pi r \end{bmatrix} \tag{7-24}$$

由式(7-24)不难看出，$r=0$ 时部分材料参数分量趋于无穷大。为避免这样的奇异点，可去除正方形的中心区域，使波导弯曲器的内半径 $r=a$，其中 a 为非零常数。

三维等离子体波导弯曲器的数值仿真结果如图 7-17 所示。波导弯曲器的内半径为 $a=0.55\mu m$，外半径为 $b=3\mu m$。入射表面等离子体波的中心位于 $y=2.1\mu m$ 处。由图可见，波导弯曲器能使表面等离子波理想地弯折到预定的方向，且在边界上没有反射。

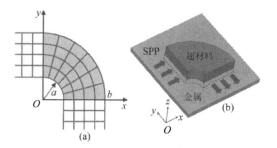

图 7-16　三维等离子体波导弯曲器[22]

(a) 坐标变换示意图；(b) 模型示意图

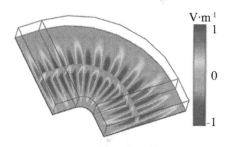

图 7-17　三维等离子体波导弯曲器附近电场分布的三维视图[22]

除了上述提及的等离子器件，事实上基于变换等离子理论还可设计出许多新奇的等离子体器件，如耦合器[24]和开腔谐振器[25]。

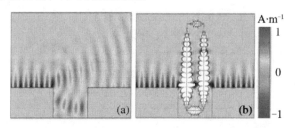

图 7-18　没有和有等离子体耦合器时缺口附近的磁场分布[24]

(a) 没有；(b) 有

通常，当金属-介质面上存在缺口且尺寸与波长可比拟时，入射表面等离子体波的能量大部分会转化为自由空间中的散射波，而只有很少一部分入射波能够传输到对

面的金属-介质面上，如图 7-18(a)所示。图 7-18(b)给出了有等离子体耦合器时缺口附近的磁场分布。很明显，耦合器可以实现表面等离子体波在金属/介质面缺口上的完美耦合传输。

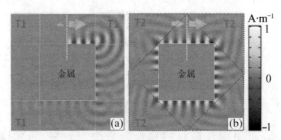

图 7-19 　没有和有等离子体开腔谐振器时金属-介质面附近的磁场分布[25]

(a)没有；(b)有

　　图 7-19(a)和(b)分别给出了没有和有等离子体开腔谐振器时金属-介质分界面附近的磁场分布。由图可见，在开腔谐振器作用下，散射能得到很好的抑制，表面等离子体波能沿着金属-介质面完美地传输。这种等离子体器件在增强光与物质相互作用，全方位能量收集和高效纳米激光等领域具有潜在的应用前景。

7.3　其他领域应用

7.3.1　变换弹性力学及斗篷

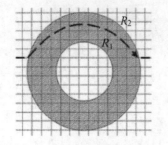

图 7-20 　圆柱形封闭式弹性斗篷
模型示意图[29]

　　变换弹性力学背后的物理机理源于特定情况下纳维方程的坐标变换形式不变性。在本小节中，将介绍该理论在封闭式弹性斗篷设计中的应用。

　　图 7-20 是圆柱形封闭式弹性斗篷的模型示意图。R_1 和 R_2 分别对应斗篷的内径和外径，虚线表示弹性波的传播路径。斗篷的变换函数可表示为

$$r' = (R_2 - R_1)r/R_2 + R_1 , \quad \theta' = \theta , \quad z' = z \tag{7-25}$$

借助变换弹性力学相关公式，即式(3-35)，便可求出实现该斗篷所需材料参数的表达式，具体如下[7]：

$$\mathbb{C}'_{rrrr} = \frac{r-R_1}{r}(\lambda+2\mu) , \quad \mathbb{C}'_{\theta\theta\theta\theta} = \frac{r}{r-R_1}(\lambda+2\mu) \tag{7-26a}$$

$$\mathbb{C}'_{rr\theta\theta} = \mathbb{C}'_{\theta\theta rr} = \lambda , \quad \mathbb{C}'_{r\theta\theta r} = \mathbb{C}'_{\theta rr\theta} = \mu \tag{7-26b}$$

$$\mathbb{C}'_{r\theta r\theta} = \frac{r-R_1}{r}\mu , \quad \mathbb{C}'_{\theta r\theta r} = \frac{r}{r-R_1}\mu \tag{7-26c}$$

$$\rho' = \frac{r - R_1}{r}\left(\frac{R_2}{R_2 - R_1}\right)^2 \rho \tag{7-26d}$$

式中，λ 和 μ 分别表示虚拟空间的拉梅模量和切变模量。显然，四阶弹性张量和密度的分布是非均匀各向异性的。

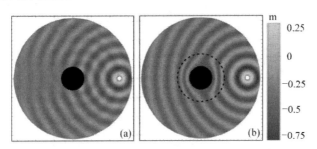

图 7-21　没有和有圆柱形封闭式弹性斗篷时刚性体附近的位移场分布

(a) 没有；(b) 有

图 7-21 给出了圆柱形封闭式弹性斗篷的数值仿真结果。其中，图 7-21(a) 和 (b) 分别是没有和有斗篷时刚性体附近的位移场分布。斗篷嵌在同性弹性材料薄板上，点源放置于右边用于产生柱面波。显而易见，当存在斗篷时弹性波能像流水绕经鹅卵石般绕过中间的刚性体，然后再按照原先路径继续传播。因此，刚性体对外界不可见。

7.3.2　变换物质波及斗篷

变换物质波以定态薛定谔方程的坐标变换形式不变性为基础，其为封闭式物质波斗篷的设计提供了新的思路。图 7-22 给出了球形封闭式物质波斗篷[8]的模型示意图。图中 b 为碰撞参数，r_1 和 r_2 分别是斗篷的内径和外径。入射波沿 y 轴正向传播，并与斗篷作用，然后以 α 角度离开。斗篷的变换函数可表示为

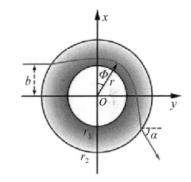

图 7-22　球形封闭式物质波斗篷模型示意图[8]

$$r' = g(r), \quad \theta' = \theta, \quad \phi' = \phi \tag{7-27}$$

值得注意的是，$g(r)$ 在满足 $g(r_1) = 0$ 和 $g(r_2) = r_2$ 两个边界条件的前提下，其函数形式可任意选择。为简单起见，但不失一般性，令 $g(r) = (r - r_1)/\eta$，其中 $\eta = (r_2 - r_1)/r_2$。根据式 (3-40)，实现斗篷所需材料的势能和质量可求得为

$$\hat{V}(\mathbf{r}, E) = [1 - (g/r)^2 g'(r)]E \tag{7-28a}$$

$$m_{rr} = g'(r)(r/g)^2 m_0 \tag{7-28b}$$

$$m_{\theta\theta} = m_{\phi\phi} = m_0/g'(r) \tag{7-28c}$$

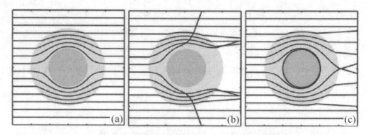

图 7-23　不同 ΔE 情况下物质波穿过球形封闭式斗篷时的轨迹[8]

(a) $\Delta E = 0$；　(b) $\Delta E = -0.1E_0$；　(c) $\Delta E = 0.1E_0$

图 7-23 (a)～(c) 分别描述了 $\Delta E = 0$、$\Delta E = -0.1E_0$ 和 $\Delta E = 0.1E_0$ 时物质波穿过球形封闭式斗篷时的轨迹。其中，$\Delta E = E - E_0$，E 和 E_0 分别表示入射波的能量和所设计斗篷的能量。斗篷的内、外径关系设定为 $r_2 = 2r_1$。由图 7-23 (a) 可以看出：当入射波能量和斗篷能量不存在偏差时，入射波能平滑绕过隐身域，并在前端完美恢复到初始传播状态，犹如散射体不存在一样；而当 $E > E_0$ 和 $E < E_0$ 情况下，入射波的实际传播轨迹与预期传播轨迹相偏离，散射不可避免，如图 7-23 (b) 和 (c) 所示。

7.3.3　变换物质扩散及斗篷

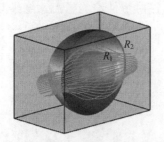

图 7-24　三维球形封闭式物质扩散斗篷
模型示意图

变换物质扩散的理论基础是扩散方程的坐标变换形式不变性。在这一节中，将介绍基于该理论的封闭式物质扩散斗篷[30]。

图 7-24 描述了三维球形封闭式物质扩散斗篷的模型示意图。R_1 和 R_2 分别是斗篷的内径和外径，曲线表征物质扩散路径。球坐标系下斗篷从虚拟空间到物理空间的变换函数为

$$r' = (R_2 - R_1)r/R_2 + R_1,\quad \theta' = \theta,\quad \phi' = \phi \tag{7-29}$$

相应的材料参数表达式可求得为

$$D_r = \left(\frac{R_2}{R_2 - R_1}\right)^4\left(\frac{r' - R_1}{r'}\right)^4 \tag{7-30a}$$

$$D_\theta = D_\phi = \left(\frac{R_2}{R_2 - R_1}\right)^4\left(\frac{r' - R_1}{r'}\right)^2 \tag{7-30b}$$

由式 (7-30) 不难看出，扩散系数的三个分量都是半径的函数。根据有效媒质理论，这样的材料参数分布可用均匀各向同性的层状结构来实现。分层方法类似于 5.1.1 节中介绍的层状圆柱形封闭式声学斗篷，为简洁起见，不再赘述。

图 7-25 (a)～(d) 分别给出了 $t = 0.005s$，$t = 0.01s$，$t = 0.015s$ 和 $t = 0.025s$ 时层状球

形封闭式物质扩散斗篷附近的浓度分布。仿真区域的左、右两边分别对应低浓度区和高浓度区。斗篷由 20 层同心层状结构组成，其内、外半径分别为 $R_1 = 1.5 \times 10^{-6} \text{m}$ 和 $R_2 = 3.0 \times 10^{-6} \text{m}$。由图可见，随着时间的推移，物质自发地从高浓度区向低浓度区扩散，部分物质渗透到斗篷内部，使隐身域内的浓度逐渐增高。但当斗篷系统达到平衡状态后（$t \geqslant 0.025\text{s}$），隐身域内的浓度维持恒定，其值不大于高浓度值的一半。因此，该斗篷能使放置于内的物体得到很好的保护。

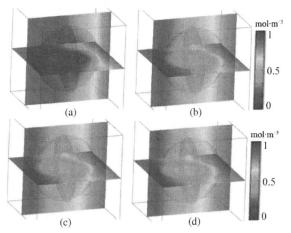

图 7-25　不同时刻层状球形封闭式物质扩散斗篷附近的浓度分布[30]

(a) $t = 0.005\text{s}$；　(b) $t = 0.01\text{s}$；　(c) $t = 0.015\text{s}$；　(d) $t = 0.025\text{s}$

参 考 文 献

[1] Kwon D H，Werner D H. Transformation electromagnetics: An overview of the theory and applications [J]. IEEE Antennas Propag. Mag., 2010, 52（1）: 24-46.

[2] Chen H Y, Chan C T. Acoustic cloaking and transformation acoustics [J]. J. Phys. D: Appl. Phys., 2010, 43: 113001.

[3] Guenneau S, Amra C, Veynante D. Transformation thermodynamics: Cloaking and concentrating heat flux [J]. Opt. Express, 2012, 20（7）: 8207-8218.

[4] Chen T Y, Weng C N, Chen J S. Cloak for curvilinearly anisotropic media in Conduction [J]. Appl. Phys. Lett., 2008, 93（11）: 114103.

[5] Wang R F, Mei Z L, Cui T J. A carpet cloak for static magnetic field [J]. Appl. Phys. Lett., 2013, 102（21）: 213501.

[6] Huidobro P A, Nesterov M L, Martín-Moreno L, et al. Transformation optics for plasmonics [J]. Nano Lett., 2010, 10（6）: 1985-1990.

[7] Brun M, Guenneau S, Movchan A B. Achieving control of in-plane elastic waves [J]. Appl. Phys. Lett., 94（6）: 061903.

[8] Zhang S, Genov D A, Sun C, et al. Cloaking of matter waves [J]. Phys. Rev. Lett., 2008, 100: 123002.

[9] Zeng L W, Song R X. Controlling chloride ions diffusion in concrete [J]. Sci. Rep., 2013, 3: 3359.

[10] Li J Y, Gao Y, Huang J P. A bifunctional cloak using transformation media [J]. J. Appl. Phys., 2010, 108 (7): 074504.

[11] Yang F, Mei Z L, Jin T Y, et al. DC electric invisibility cloak [J]. Phys. Rev. Lett., 2012, 109: 053902.

[12] Liu M, Mei Z L, Ma X, et al. DC illusion and its experimental verification [J]. Appl. Phys. Lett., 2012, 101 (5): 051905.

[13] Jiang W X, Luo C Y, Ma H F, et al. Enhancement of current density by dc electric concentrator [J]. Sci Rep., 2012, 2:95.

[14] Sun F, He S.Create a uniform static magnetic field over 50T in a large free space region [J]. Progress in Electromagnetics Research, 2013, 137: 149-157.

[15] Sun F, He S. DC magnetic concentrator and omnidirectional cascaded cloak by using only one or two homogeneous anisotropic materials of positive permeability [J]. Progress in Electromagnetics Research, 2013, 142: 683-699.

[16] Sun F, He S. Transformation inside a null-space region and a DC magnetic funnel for achieving an enhanced magnetic flux with a large gradient [J]. Progress in Electromagnetics Research, 2014, 146: 143-153.

[17] Sun F, He S L. Transformation magneto-statics and illusions for magnets [J]. Sci. Rep., 2014, 4: 6593.

[18] Raether H. Surface Plasmons: On Smooth and Rough Surfaces and on Gratings [M]. Berlin: Springer, 1988.

[19] Kadic M, Guenneau S, Enoch S, et al. Transformation plasmonics [J]. Nanophotonics, 2012, 1: 51-64.

[20] Kadic M, Guenneau S, Enoch S. Transformational plasmonics: Cloak, concentrator and rotator for SPPs [J]. Opt. Express, 2010, 18: 12027-12032.

[21] Zhu W R, Rukhlenko I D, Premaratne M. Linear transformation optics for plasmonics [J]. J. Opt. Soc. Am. B, 2012, 29 (10): 2659-2664.

[22] Yu Z Z, Feng Y J,Wang Z B, et al. Manipulating surface plasmon wavesby transformation optics: Design examples of beam squeezer, bend, and omnidirectional absorber [J]. Chin. Phys. B, 2013, 22 (3): 034102.

[23] Zhang J J, Xiao S S, Wubs M, et al. Surface plasmonwave adapter designed with transformation optics [J]. ACS Nano, 2011, 5 (6): 4359-4364.

[24] Yu Z Z, Feng Y J, Zhao J M, et al. Coupling surface plasmon waves across gaps in a dielectric/metal interface by transformation optics [J]. Appl. Phys. B, 2013,112 (1):1-6.

[25] Xu H Y, Wang X J, Yu T Y, et al. Radiation-suppressed plasmonic open resonators designed by nonmagnetic transformation optics [J]. Sci. Rep., 2012, 2: 784.

[26] Wang Y K, Zhang D H, Wang J, et al. Design of sharp bends with transformation plasmonics [J]. Appl. Phys. A: Mater. Sci. Process., 2013,112 (3): 549-553.

[27] Liu Y C, Yuan J, Yin G, et al. Controlling the plasmonic surface waves of metallic nanowires by transformation optics [J]. Appl. Phys. Lett., 2015, 107 (1): 011902.

[28] Chen H, Chan C T. Transformation media that rotate electromagnetic fields [J]. Appl. Phys. Lett., 2007, 90 (24): 241105.

[29] Chang Z, Hu J, Hu G K, et al. Transformation method and wave control [J]. Acta Mech. Sin., 2010, 26: 889-898.

[30] Guenneau S, Puvirajesinghe T M. Fick's second law transformed: one path to cloaking in mass diffusion [J]. J. R. Soc. Interface, 2013, 10 (83): 20130106.

第8章 超材料与变换科学实验

变换科学作为一种理论，不断激发科研工作者充分发挥想象力大胆预测新现象、发现新原理和探索新应用。然而，基于该理论设计的超材料器件由于其复杂的材料参数分布，往往很难直接用天然材料来制备。在本章中，将以几种典型的超材料器件为例，介绍其设计和等效实现。相信这部分内容会对类似器件的设计和研制有启发和借鉴作用。

8.1 基于 SRR 的封闭式电磁斗篷

8.1.1 理论设计

TE 波激励下，理想圆柱形封闭式电磁隐身斗篷的材料参数可表示为[1, 2]

$$\mu_r = \frac{r'-a}{r'}, \quad \mu_\theta = \frac{r'}{r'-a}, \quad \varepsilon_z = \left(\frac{b}{b-a}\right)^2 \frac{r'-a}{r'} \tag{8-1}$$

由式 (8-1) 易知，材料参数的三个分量都是半径的函数，其实现相当困难。通过保持主轴折射率不变，即

$$n_r = \sqrt{\mu_\theta \varepsilon_z} = \frac{b}{b-a}, \quad n_\theta = \sqrt{\mu_r \varepsilon_z} = \left(\frac{b}{b-a}\right)\frac{r'-a}{r'} \tag{8-2}$$

可将斗篷的材料参数简化为

$$\mu_r = \left(\frac{r'-a}{r'}\right)^2, \quad \mu_\theta = 1, \quad \varepsilon_z = \left(\frac{b}{b-a}\right)^2 \tag{8-3}$$

式中，材料参数的三个分量中，仅 μ_r 与半径有关，而其余两个分量 μ_θ 和 ε_z 均为常数，所以实验制作相对容易。更为重要的是，由于折射率保持不变，所以简化前后斗篷所需材料的色散关系不会发生变化，进而确保了当电磁波入射到非理想参数电磁隐身斗篷时，其内部电磁波的传播路径会与理想参数情况相同。图 8-1 (a) 和 (b) 分别给出了理想和简化参数圆柱形封闭式电磁隐身斗篷的仿真结果。图中实线表示功率流曲线分布。由图可以看出，两种情况下，当电磁波传播至斗篷时都能有规律地绕过隐身域并继续向前传播。与图 8-1 (a) 相比，图 8-1 (b) 中斗篷的隐身效果明显减弱，并伴随有强烈的反射，根本原因是这种情况下斗篷外边界处的阻抗变为 $Z|_{r'=b} = \sqrt{\mu_\theta/\varepsilon_z} = (b-a)/a \neq 1$，其不再与自由空间匹配。

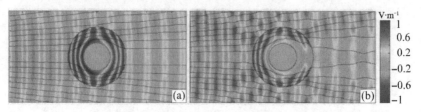

图 8-1 理想和简化参数圆柱形封闭式电磁隐身斗篷的仿真结果[3]

(a)理想；(b)简化

8.1.2 器件原型

2006 年，英国帝国理工学院的 Schurig 等指出式(8-3)中的材料电磁参数分布可以用各向异性的金属开口谐振环(Split-ring Resonators，SRR)阵列来实现，并通过实验验证了第一个简化参数微波频段封闭式斗篷的隐身效果[3]。该消息一经报道便引起了科学界的巨大轰动，并被 *Science* 杂志评为年度十大科技进展之一，同时这也预示着"哈利波特魔法隐身斗篷"的研制不再是梦想。基于 SRR 的封闭式电磁隐身斗篷的原型如图 8-2 所示。左图是斗篷的整体布局，它由 10 层同心层状结构组成，而每一层结构则通过将金属 SRR 周期有序地排列形成。右图是对每一层结构中单个 SRR 的参数配置。

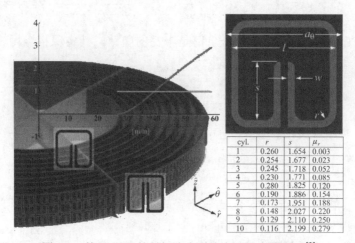

cyl.	r	s	μ_r
1	0.260	1.654	0.003
2	0.254	1.677	0.023
3	0.245	1.718	0.052
4	0.230	1.771	0.085
5	0.280	1.825	0.120
6	0.190	1.886	0.154
7	0.173	1.951	0.188
8	0.148	2.027	0.220
9	0.129	2.110	0.250
10	0.116	2.199	0.279

图 8-2 基于 SRR 的封闭式电磁隐身斗篷实物原型[3]

图 8-3(a)和(b)分别给出了没有和有 SRR 电磁隐身斗篷时金属圆柱体附近电场分布的实验结果。由图可以看出，在斗篷的庇护下入射电磁波能像流水绕经鹅卵石般绕过隐身域，并实现对金属圆柱体的隐身。尽管该斗篷的隐身效果不佳，但不可否认 Schurig 等的工作为后续斗篷的研究奠定了坚实的基础，并为实现新型隐身开辟了新的途径。

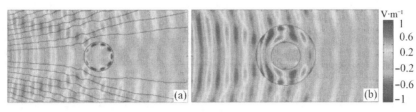

图 8-3　没有和有 SRR 电磁隐身斗篷时金属圆柱体附近电场分布的实验结果[3]

(a) 没有；(b) 有

8.2　基于 TL 的封闭式电磁斗篷

8.2.1　理论设计

鉴于变换电磁学理论设计的圆柱形封闭式电磁隐身斗篷，其材料参数通常是非均匀各向异性的，因此有必要先对非均匀各向异性材料的传输线等效电路实现方法进行介绍。图 8-4 给出了二维传输线等效电路一般性单元结构的矩阵表示[4]。该单元结构由 5 个双端口网络矩阵 $\begin{bmatrix} A & B \\ C & D \end{bmatrix}$ 组成，其中包括 4 个串联分支（①、②、③、④）和 1 个并联分支（⑤）。通常，①和③、②和④的矩阵形式相同。根据基尔霍夫定理，单元结构中电压与电流的关系可表示为

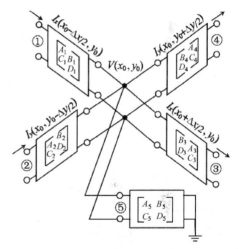

图 8-4　二维传输线等效电路单元结构的矩阵表示[4]

$$V(x_0, y_0) - V(x_0 + \Delta x, y_0) = \frac{2B_1}{A_1 D_1 - B_1 C_1} I_x\left(x_0 + \frac{\Delta x}{2}, y_0\right) = 2B_1 I_x\left(x_0 + \frac{\Delta x}{2}, y_0\right) \quad (8\text{-}4a)$$

$$V(x_0, y_0) - V(x_0, y_0 + \Delta y) = \frac{2B_2}{A_2 D_2 - B_2 C_2} I_y\left(x_0, y_0 + \frac{\Delta y}{2}\right) = 2B_2 I_y\left(x_0, y_0 + \frac{\Delta y}{2}\right) \quad (8\text{-}4b)$$

$$\frac{\alpha}{D_1} + \frac{\beta}{D_2} = \left(\frac{2C_1}{D_1} + \frac{2C_2}{D_2} + \frac{D_5}{B_5}\right) V(x_0, y_0) \quad (8\text{-}4c)$$

式中，$\alpha = I_x\left(x_0 - \frac{\Delta x}{2}, y_0\right) - I_x\left(x_0 + \frac{\Delta x}{2}, y_0\right)$，$\beta = I_y\left(x_0, y_0 - \frac{\Delta y}{2}\right) - I_y\left(x_0, y_0 + \frac{\Delta y}{2}\right)$，$\Delta x$ 和 Δy 分别为单元结构沿 x 和 y 方向的尺寸。

考虑 TE 波入射，则圆柱坐标系下电场的 Helmholtz 方程可写为

$$\frac{1}{\varepsilon_z r}\frac{\partial}{\partial r}\left(\frac{r}{\mu_\theta}\frac{\partial E_z}{\partial r}\right)+\frac{1}{\varepsilon_z r^2}\frac{\partial}{\partial \theta}\left(\frac{1}{\mu_r}\frac{\partial E_z}{\partial \theta}\right)+k_0^2 E_z=0 \tag{8-5}$$

式中，k_0 为电磁波在真空中的波数。从式(8-5)可以看出，在 TE 波激励下，仅 μ_r、μ_θ 和 ε_z 三个材料电磁参数分量与传播模式有关。此时，圆柱坐标系下的 Maxwell 方程组差分形式可简化为

$$\frac{E_z(r+\Delta r,\ \theta)-E_z(r,\ \theta)}{\Delta r}=j\omega r\mu_\theta H_\theta\left(r+\frac{\Delta r}{2},\ \theta\right) \tag{8-6a}$$

$$\frac{E_z(r,\ \theta+\Delta\theta)-E_z(r,\ \theta)}{r\Delta\theta}=-j\omega r\mu_r H_r\left(r,\ \theta+\frac{\Delta\theta}{2}\right) \tag{8-6b}$$

$$\frac{\alpha_1}{\Delta r}-\frac{\beta_1}{\Delta\theta}=j\omega r\varepsilon_z E_z(r,\theta) \tag{8-6c}$$

式中，变量 α_1 和 β_1 分别对应 $\alpha_1=\left(r+\dfrac{\Delta r}{2}\right)H_\theta\left(r+\dfrac{\Delta r}{2},\theta\right)-\left(r-\dfrac{\Delta r}{2}\right)H_\theta\left(r-\dfrac{\Delta r}{2},\theta\right)$ 和

$\beta_1=H_r\left(r,\theta+\dfrac{\Delta\theta}{2}\right)-H_r\left(r,\theta-\dfrac{\Delta\theta}{2}\right)$，$\Delta r$ 和 $\Delta\theta$ 分别为单元结构沿径向和角向的尺寸。

将式(8-4)作如下变量替换：

$$\left[\Delta x,\ \Delta y,\ I_x,\ I_y,\ V\right]\leftrightarrow\left[\Delta r,\ r\Delta\theta,\ -D_1 r\Delta\theta H_\theta,\ D_2\Delta r H_r,\ E_z h\right] \tag{8-7}$$

则可得到

$$\frac{E_z(r+\Delta r,\ \theta)-E_z(r,\ \theta)}{\Delta r}=2B_1 D_1\frac{r\Delta\theta}{h\Delta r}H_\theta\left(r+\frac{\Delta r}{2},\ \theta\right) \tag{8-8a}$$

$$\frac{E_z(r,\ \theta+\Delta\theta)-E_z(r,\ \theta)}{r\Delta\theta}=-2B_2 D_2\frac{\Delta r}{hr\Delta\theta}H_r\left(r,\ \theta+\frac{\Delta\theta}{2}\right) \tag{8-8b}$$

$$\frac{\alpha_1}{\Delta r}-\frac{\beta_1}{\Delta\theta}=\left(\frac{2C_1}{D_1}+\frac{2C_2}{D_2}+\frac{D_5}{B_5}\right)\frac{h}{\Delta r\Delta\theta}E_z(r,\theta) \tag{8-8c}$$

通过对比式(8-6)和式(8-8)可以看出，两组方程的形式完全一致。这表明圆柱坐标系下媒质中电磁波的传播可以用传输线等效电路中的电压、电流来模拟。此外，由这两组方程，可以得出如下对应关系：

$$2B_1 D_1=j\omega\mu_\theta h\frac{\Delta r}{r\Delta\theta} \tag{8-9a}$$

$$2B_2D_2 = \mathrm{j}\omega\mu_r h \frac{r\Delta\theta}{\Delta r} \tag{8-9b}$$

$$\left(\frac{2C_1}{D_1} + \frac{2C_2}{D_2} + \frac{D_5}{B_5}\right) = \frac{\mathrm{j}\omega r\Delta r\Delta\theta\varepsilon_z}{h} \tag{8-9c}$$

式中，h 是传输线等效电路单元结构沿 z 方向的厚度。当材料参数的主轴分量与基矢一致时，二维非均匀各向异性材料通常采用如图 8-5 所示的传输线等效电路单元结构来实现。图中集总元件参数与双端口网络参数之间的关系为

$$\begin{bmatrix} A_1 & B_1 \\ C_1 & D_1 \end{bmatrix} = \begin{bmatrix} 1 & Z_x/2 \\ 0 & 1 \end{bmatrix}, \quad \begin{bmatrix} A_2 & B_2 \\ C_2 & D_2 \end{bmatrix} = \begin{bmatrix} 1 & Z_y/2 \\ 0 & 1 \end{bmatrix}, \quad \begin{bmatrix} A_5 & B_5 \\ C_5 & D_5 \end{bmatrix} = \begin{bmatrix} 1 & 1/Y \\ 0 & 1 \end{bmatrix} \tag{8-10}$$

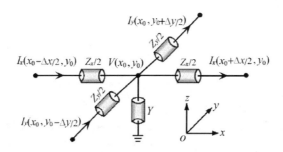

图 8-5　二维非均匀各向异性材料传输线等效电路单元结构[5]

将式(8-10)代入式(8-9)，则非均匀各向异性材料的电磁参数与传输线等效电路的集总元件参数之间的关系可进一步表示为[5]

$$Z_x = \mathrm{j}\omega\mu_\theta h \frac{\Delta r}{r\Delta\theta}, \quad Z_y = \mathrm{j}\omega\mu_r h \frac{r\Delta\theta}{\Delta r}, \quad Y = \frac{\mathrm{j}\omega r\Delta\theta\Delta r\varepsilon_z}{h} \tag{8-11}$$

一般情况下，材料电磁参数的三个分量要么同时大于零，要么同时小于零。对于 $\mu_r > 0$、$\mu_\theta > 0$ 和 $\varepsilon_z > 0$ 的情况，由式(8-8)易知其传输线等效电路单元结构可用 4 个串联电感和 1 个并联接地电容来实现。同理，对于 $\mu_r < 0$、$\mu_\theta < 0$ 和 $\varepsilon_z < 0$ 的情况，则可用 4 个串联电容和 1 个并联接地电感来实现。值得一提的是，为满足长波长近似的条件，要求单元结构的尺寸远远小于入射波波长。

TE 波激励下，内外径分别为 a 和 b 的圆柱形封闭式电磁隐身斗篷的材料参数满足如下方程的形式：

$$\mu_{\mathrm{clor}} = \frac{r'-a}{r'}\mu_b, \quad \mu_{\mathrm{clo}\theta} = \frac{r'}{r'-a}\mu_b, \quad \varepsilon_{\mathrm{cloz}} = \left(\frac{b}{b-a}\right)^2 \frac{r'-a}{r'}\varepsilon_b \tag{8-12a}$$

$$\mu_{\mathrm{bacr}} = \mu_b, \quad \mu_{\mathrm{bac}\theta} = \mu_b, \quad \varepsilon_{\mathrm{bacz}} = \varepsilon_b \tag{8-12b}$$

其中，ε_b 和 μ_b 分别是背景媒质的介电常数和磁导率，而下标 clo 和 bac 分别表示斗篷区 $a \leqslant r' \leqslant b$ 和背景媒质区 $r' \geqslant b$。

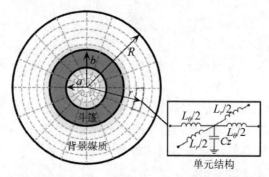

图 8-6　圆柱形封闭式电磁隐身斗篷传输线等效电路模型[5]

为了便于分析与讨论，背景媒质区最外边界被半径为 R 的圆截断，两区域均用传输线等效电路来模拟。这样一来，斗篷内、外的传播特性都可完全用电压分布来表示。图 8-6 给出了圆柱形封闭式电磁隐身斗篷的传输线等效电路模型。其中，灰色区域 $a \leqslant r' \leqslant b$ 表示斗篷区，空白区域 $0 \leqslant r' \leqslant a$ 和 $b \leqslant r' \leqslant R$ 分别对应隐身域和背景媒质区。整个模型首先沿径向分层，然后再沿角向分层。模型中的单元结构由同心圆和径向线交叉形成。每一层环形区域由相同的传输线等效电路单元结构沿角向周期排列而成。由式(8-12)不难发现，斗篷区和背景媒质区的材料电磁参数都为正值，因此所有的单元结构均可用 2 个串联径向电感 $L_r/2$、2 个串联角向电感 $L_\theta/2$ 和 1 个并联接地电容 C_z 来实现，如图 8-6 中右下方的小插图所示。根据式(8-11)，可求出每一层环形区域中单元结构集总元件参数(L_r，L_θ 和 C_z)与材料电磁参数(μ_r，μ_θ 和 ε_z)之间的关系式，具体为

$$L_r(n) = \frac{\Delta r_n'}{r_n' \Delta \theta_n} \mu_\theta(n) h, \quad L_\theta(n) = \frac{r_n' \Delta \theta_n}{\Delta r_n'} \mu_r(n) h, \quad C_z(n) = \frac{r_n' \Delta \theta_n \Delta r_n'}{h} \varepsilon_z(n) \quad (8\text{-}13)$$

式中，下标 n 代表第 n 层，r_n' 是第 n 层的半径，$\Delta r_n'$ 和 $\Delta \theta_n$ 分别表示第 n 层环形区域中传输线等效电路单元结构沿径向和角向的尺寸。然后，将式(8-12)代入式(8-13)，则各区域第 n 层环形区域中单元结构的集中元件参数可很容易求得。对于斗篷区，有

$$L_{\mathrm{col}r}(n) = \mu_b \frac{\Delta r_n'}{(r_n' - a)\Delta \theta_n} h \quad (8\text{-}14a)$$

$$L_{\mathrm{col}\theta}(n) = \mu_b \frac{(r_n' - a)\Delta \theta_n}{\Delta r_n'} h \quad (8\text{-}14b)$$

$$C_{\mathrm{col}z}(n) = \varepsilon_b \left(\frac{b}{b-a}\right)^2 \frac{(r_n' - a)\Delta \theta_n \Delta r_n'}{h} \quad (8\text{-}14c)$$

对于背景媒质区，有

$$L_{\mathrm{bac}r}(n) = \mu_b \frac{\Delta r_n'}{r_n' \Delta \theta_n} h, \quad L_{\mathrm{bac}\theta}(n) = \mu_b \frac{r_n' \Delta \theta_n}{\Delta r_n'} h, \quad C_{\mathrm{bac}z}(n) = \frac{\varepsilon_b r_n' \Delta \theta_n \Delta r_n'}{h} \quad (8\text{-}15)$$

这里有两点需要特别指出：一是为了模拟金属圆柱体，需将斗篷区第 1 层环形区域中所有单元结构的径向电感直接接地；二是为了实现外向电磁波的匹配吸收并模拟无限大背景区域，需把背景媒质区最外层环形区域中所有单元结构的径向电感与Bloch 阻抗相连。利用 ADS(Advanced Design System)电子设计自动化软件建模时，隐身斗篷的几何参数选取为 $a = 0.5\lambda_b$ 和 $b = 1.5\lambda_b$，背景媒质区截断圆的半径 $R = 3\lambda_b$，其中 λ_b 是 $f = 50\,\text{MHz}$ 时对应的自由空间中的波长。单元结构沿 z 方向的厚度 $h = \lambda_b/10$，为设计频率下自由空间波长的 1/10。事实上，h 的不同选择只会引起集总元件参数的成比例变化，其对隐身效果没有影响。首先，将模型从内到外沿径向分成 33 层，其中斗篷区和背景媒质区各自包括 15 层和 18 层。然后，再将模型沿角向均匀划分成 90 等份，即角向每 4° 一个单元结构。这样一来，整个圆柱形封闭式电磁隐身斗篷的传输线等效电路模型由 33×90 个单元结构组成。其中，斗篷区和背景媒质区可分别用 15×90 和 18×90 个单元结构来描述。相应的材料电磁参数和集总元件参数可通过式(8-12)～式(8-15)计算得到，分别如图 8-7 中的平滑实线和阶梯线所示。

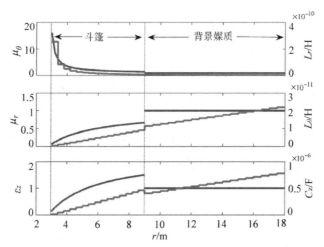

图 8-7　材料电磁参数(平滑实线)和集总元件参数(阶梯线)分布[5]

利用 ADS 软件建立了基于上述集总元件参数的传输线等效电路。由于模型的旋转对称性，在建模的过程中首先只需沿径向指定一组单元结构，然后再将其沿角向扩展即可轻松构建整个传输线等效电路。图 8-8(a)和(b)分别描述了有和没有电磁隐身斗篷时金属圆柱体周边的传输线等效电路电压分布。电流源放置于模型顶部引入等效柱面波激励。对比两幅图可以看出，电磁波经过与斗篷区的作用，绕过了其内部的金属圆柱体，在自由空间中保持柱面波的传播状态。与裸露的金属圆柱体相比，放置在斗篷内的金属圆柱体在各个方向的散射都很小。

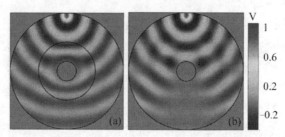

图 8-8　有和没有电磁隐身斗篷时金属圆柱体附近的传输线等效电路电压分布[5]

(a)有；(b)没有

　　若不考虑实际集总元件的谐振和色散特性，所设计的电磁隐身斗篷理论上能工作在较宽的频率范围。为了证实这一点，Liu 等[5]给出了金属圆柱体在一定频率范围内的散射功率。采用的激励为 30~60MHz 的柱面波，间隔为 0.5MHz。散射功率的计算公式为 $P = \sum_{i=1}^{90} V(i) \cdot I_{\text{out}}^*(i)$，其中 $V(i)$ 和 $I_{\text{out}}(i)$（$i = 1, 2, 3, \cdots, 90$）分别表示散射场在自由空间中沿角向一圈闭合回路中的节点电压和外向节点电流。图 8-9 给出了不同频率的散射功率之比 P_c/P_{unc}，其中 P_c 和 P_{unc} 分别表示有和没有斗篷时金属圆柱体的散射功率。由图可以清楚地看出，在仿真的频率范围内，放置在斗篷内的金属圆柱体的散射功率明显降低。若将 $P_c/P_{unc} < 0.1$ 的频率范围定义为带宽，则模型的带宽约为 28.5MHz（即 30~58.5MHz）。因此，基于传输线等效电路的隐身斗篷能够实现宽频的隐身效果。事实上，对于更低的频率，长波长近似条件极易满足，则传输线电磁隐身斗篷的性能仍会很完美。但对于较高的频率，单元结构尺寸与波长接近，则隐身效果会变差。

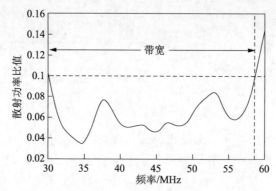

图 8-9　有和没有电磁隐身斗篷时金属圆柱体的散射功率之比[5]

8.2.2　器件原型

　　实验时，隐身斗篷的工作频率定为 $f = 50$ MHz[6,7]。为使整个隐身斗篷的传输线等效电路模型具有合理的结构尺寸，以便于电路板设计与制作，虚拟空间的材料电磁

参数选取为 $\varepsilon_b = 10^{-3}\varepsilon_0$ 和 $\mu_b = 10^7\mu_0$，其中 ε_0 和 μ_0 分别表示自由空间的介电常数和磁导率。斗篷的内外径和截断圆的半径选取为 $a = 0.5\lambda_b$，$b = 1.5\lambda_b$ 和 $R = 3\lambda_b$。此时，等效波长 $\lambda_b = 6\,\mathrm{cm}$，整个模型的直径为 36cm。将斗篷区和背景媒质区沿径向各自分为 15 层，每一层再沿角向均匀划分成 90 等份。这种情况下，斗篷区和背景媒质区单元结构的径向尺寸分别为 4mm 和 6mm，而角向为 4°。实验采用的电路板厚度 h=2mm。与几何尺寸相对应的材料电磁参数分布和集总元件参数分布分别显示在图 8-10(a)～(c) 和图 8-10(d)～(f) 中。值得一提的是，图 8-10(d)～(f) 中的平滑实线表示实验采用集总元件的实际值，而阶梯线则表示集总元件的理论计算值。

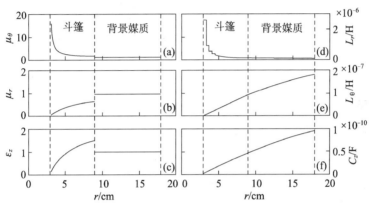

图 8-10　材料电磁参数分布以及集总元件参数分布[6]

(a)～(c)材料电磁参数；(d)～(f)集总元件参数

图 8-11 是在 FR-4 双面敷铜介质基板上制作的隐身斗篷实物原型，其包括斗篷区和背景媒质区两个部分，两者均采用贴片集总元件实现。利用矢量网络分析仪的一个端口通过同轴探头在背景媒质区边缘处的一个节点加入时谐激励信号，另一端口通过一个高阻探头提取电路中每个节点的电压。频率为 40MHz 时的实验测量结果如图 8-12(b) 所示。图 8-12(a) 则给出了 ADS 电路的仿真结果。为了较好地逼近真实实验环境，仿真时采用实际使用的元件值数据，并将所有元件的品质因素设置为 Q=50 以引入一定的材料损耗。对比两幅图可以看出，实验结果与仿真结果接近，电磁波在遇到斗篷前为柱面波形式，而在与斗篷区作用后，能平滑绕过斗篷并继续以柱面波形式传播。为进一步说明斗篷的宽频特性，图 8-12(c) 和 (d) 分别给出了频率为 32MHz 和 24MHz 时的实验测量结果。由图不难看出，虽然有散射发生，但斗篷的隐身效果依旧很明显。图 8-12(b)～(d) 中电磁波穿过斗篷后其能量有一定的衰减，这是由集总元件品质因数不高以及基板介质引起的损耗共同造成的。如果选用品质因素更高、更精密的集总元件，并采用更好的焊接工艺，所设计的斗篷性能将得到大大改善。

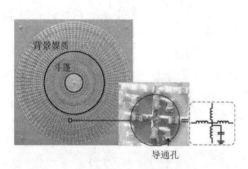

图 8-11　圆柱形封闭式电磁隐身斗篷
实物原型[6]

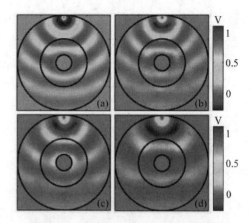

图 8-12　斗篷的仿真结果和实验结果

(a) f=40MHz 时斗篷的仿真结果；(b) f=40MHz；
(c) f=32MHz 和 (d) f=24MHz 时斗篷的实验结果

8.3　开腔谐振器

8.3.1　理论设计

图 8-13 给出了超材料电磁开腔谐振器的原理图，其中虚线框围成的空白区域为虚拟空间 (x, y, z)，实线框围成的灰色区域为物理空间 (x', y', z')。两个空间之间的变换函数可表示为 $x' = -x$，$y' = y$，$z' = z$。根据变换电磁学理论不难发现，开腔谐振器物理空间中所需材料的电磁参数为 $\varepsilon' = -\varepsilon$ 和 $\mu' = -\mu$，其中 ε 和 μ 为虚拟空间的介电常数和磁导率。显然，虚拟空间为右手材料（Right-Handed Material，RHM），物理空间为左手材料（Left-Handed Material，LHM）。谐振器的这种特殊结构安排使得电磁波在 RHM 和 LHM 交界面处发生负折射现象并构成闭合回路，而由于两种材料的折射率互为相反数 $n_L = -n_R$，则回路的总相位差为零，满足谐振条件，从而形成正反馈并产生振荡。2002 年，开腔谐振器的理论模型由 Notomi 等提出[8]。随后，浙江大学的何赛灵等[9]利用时域有限差分法对亚波长开腔谐振器的谐振模式进行了数值仿真验证。这种超材料器件在传感及光学工程等领域具有潜在的应用前景，然而自然界中左手材料的欠缺阻碍了器件的实际制备，因此探讨其等效实现方法有重要意义。

在此之前，先对左手材料的传输线等效电路实现方法进行介绍。与普通右手材料相比，左手材料因其具有一系列不同寻常的电磁特性迅速成为国内外学术界研究的热点之一。然而由于自然界中不存在天然的左手材料，这种材料只能用人工方式来合成。一般地，左手材料的实现方法主要有两种：一种是基于金属谐振结构（即周期性排列的金属杆和开口谐振环）的实现方法[10, 11]，而另一种则是基于传输线等效电路的实现方法[12]。与前者相比，利用后者设计的左手材料具有宽频带、低损耗、低成本、结构单元电尺寸小等优点，更便于微波工程应用。因此这种方法得到了广泛关注，并逐渐成为实现左手材料的主要方法。下面，将对该方法进行详细阐述。

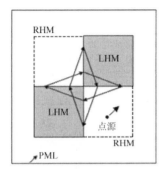

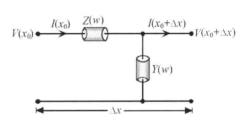

图 8-13 超材料电磁开腔谐振器原理图   图 8-14 长度为 Δx 的传输线等效电路示意图[12]

为了简单起见，取一段长度为 Δx 的均匀传输线等效电路进行讨论，其示意图如图 8-14 所示。根据基尔霍夫定理可得如下传输线方程：

$$V(x_0) - V(x_0 + \Delta x) = Z(\omega)I(x_0) \tag{8-16a}$$

$$I(x_0) - I(x_0 + \Delta x) = Y(\omega)V(x_0) \tag{8-16b}$$

在均匀各向同性理想材料的无源空间中，Maxwell 方程的微分形式可表示为

$$\nabla \times \boldsymbol{E} = -\partial \boldsymbol{B}/\partial t , \quad \nabla \times \boldsymbol{H} = \partial \boldsymbol{D}/\partial t \tag{8-17}$$

式中，场量间的本构关系为

$$\boldsymbol{B} = \mu(\omega)\boldsymbol{H} , \quad \boldsymbol{D} = \varepsilon(\omega)\boldsymbol{E} \tag{8-18}$$

对于沿 x 轴方向变化因子为 $e^{j\omega t}$ 的一维时谐电磁场，由式 (8-14) 可得

$$\partial E_y/\partial x = -j\omega\mu(\omega)H_z , \quad -\partial H_z/\partial x = j\omega\varepsilon(\omega)E_y \tag{8-19}$$

将式 (8-19) 进一步表示为前向差分的形式，有

$$[E_y(x_0) - E_y(x_0 + \Delta x)]/\Delta x = j\omega\mu(\omega)H_z(x_0) \tag{8-20a}$$

$$[H_z(x_0) - H_z(x_0 + \Delta x)]/\Delta x = j\omega\varepsilon(\omega)E_y(x_0) \tag{8-20b}$$

比较式 (8-16) 和式 (8-20)，不难看出传输线等效电路中电压、电流波的传播与材料中电磁波的传播具有相同的形式。事实上，电压、电流与电场、磁场之间的关系可表示为

$$V_a - V_b = -\int_a^b \boldsymbol{E} \cdot \mathrm{d}l , \quad I = \int_c \boldsymbol{H} \cdot \mathrm{d}l \tag{8-21}$$

由式 (8-21) 可很容易推导出如下变量替换关系：

$$[V, I] \leftrightarrow [\boldsymbol{E}, \boldsymbol{H}] \tag{8-22}$$

将式 (8-16) 中的电压、电流用相应电磁场变量进行替换后，有

$$E_y(x_0) - E_y(x_0 + \Delta x) = Z(\omega)H_z(x_0) \tag{8-23a}$$

$$H_z(x_0) - H_z(x_0 + \Delta x) = Y(\omega)E_y(x_0) \tag{8-23b}$$

将式(8-23)与式(8-20)作比较，便可求出传输线等效电路集总元件参数与材料电磁参数之间的关系，具体如下：

$$\mu(\omega) = Z(\omega)/\mathrm{j}\omega\Delta x \ , \quad \varepsilon(\omega) = Y(\omega)/\mathrm{j}\omega\Delta x \tag{8-24}$$

式(8-24)表明，表征材料电磁特性的介电常数和磁导率与传输线等效电路是完全等价的。对于均匀各向同性无色散的常规 RHM，其材料电磁参数与频率无关，且 $\mu(\omega) = \mu_R > 0$ 和 $\varepsilon(\omega) = \varepsilon_R > 0$。由式(8-24)易知，要满足这样的条件，则串联阻抗 $Z(\omega) = \mathrm{j}\omega L_R$ 和并联导纳 $Y(\omega) = \mathrm{j}\omega C_R$。同理，对于 LHM 由于要满足 $\mu(\omega) = \mu_L < 0$ 和 $\varepsilon(\omega) = \varepsilon_L < 0$，所以 $Z(\omega) = 1/\mathrm{j}\omega C_L$ 和 $Y(\omega) = 1/\mathrm{j}\omega L_L$。换句话说，正的介电常数和磁导率可分别用并联电容和串联电感来等效，而负的介电常数和磁导率则可分别用并联电感和串联电容来等效。

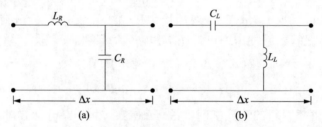

图 8-15　一维传输线等效电路单元结构[12]

(a) RHM；(b) LHM

图 8-15(a)和(b)分别给出了一维 RHM 和 LHM 的传输线等效电路单元结构。由图可以看出，RHM 和 LHM 可分别用串联电感 L_R 和并联电容 C_R 及串联电容 C_L 和并联电感 L_L 构成的传输线等效电路来实现，且 RHM 与 LHM 互为对偶结构，即将 RHM 单元结构中的集总元件位置对调即可得到 LHM，反之亦然。实际上，只要将一维 RHM 和 LHM 的传输线等效电路单元结构沿另一个方向拓展，即可得到相应的二维传输线等效电路单元结构，如图 8-16 所示。显而易见，每个二维 RHM 单元包括 4 个串联电感 $L_R/2$ 和 1 个并联接地电容 C_R，如图 8-16(a)所示；而每个二维 LHM 单元则包括 4 个串联电容 $2C_L$ 和一个并联接地电感 L_L，如图 8-16(b)所示。

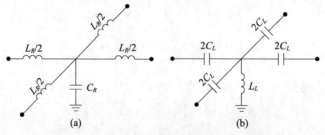

图 8-16　二维传输线等效电路单元结构[12]

(a) RHM；(b) LHM

二维 RHM 和 LHM 可通过把有限尺寸的二维传输线等效电路单元结构按周期性排列来实现。若单元结构的尺寸远远小于入射波波长，即能很好地满足长波长近似的条件，则根据式 (8-24) 可很容易求出集总元件参数和材料电磁参数之间的对应关系，具体如下：

$$\mu_R = L_R/\Delta, \quad \varepsilon_R = C_R/\Delta \qquad (8\text{-}25\text{a})$$

$$\mu_L = -1/\omega^2 C_L \Delta, \quad \varepsilon_L = -1/\omega^2 L_L \Delta \qquad (8\text{-}25\text{b})$$

式中，Δ 表示单元结构的尺寸，$\omega=2\pi f$ 为角频率，f 是电磁波的频率。有了前述内容的铺垫，下面将直接进入正题介绍左手材料开腔谐振器的传输线等效电路实现方法。

图 8-17 为二维开腔谐振器的传输线等效电路模型[13]，其中白色圆点和黑色圆点分别表示如图 8-17 所示的 RHM 单元和 LHM 单元。整个模型的外边界被 Bloch 阻抗包围，用以吸收向外传播的电磁波并模拟无限大背景区域。为了准确模拟开腔谐振器，必须同时满足 $\sqrt{\mu_R \varepsilon_R} f \Delta \leqslant 1$，$\sqrt{\mu_L \varepsilon_L} f \Delta \leqslant 1$ 和 $\mu_L = -\mu_R$，$\varepsilon_L = -\varepsilon_R$ 两个条件。这里，选取 $L_R = 47\,\text{nH}$，$C_R = 82\,\text{pF}$，$f = 50\,\text{MHz}$ 和 $\Delta = 6\,\text{mm}$ 来满足上述要求。对应的等效波长 $\lambda = 6\,\text{cm}$，Bloch 阻抗 $Z_B = \sqrt{L_R/C_R} = 24\,\Omega$，而与 LHM 单元结构密切相关的集总元件参数可根据式 (8-25) 求得为 $L_L = 1/\omega^2 C_R = 124\,\text{nH}$ 和 $C_L = 1/\omega^2 L_R = 216\,\text{pF}$。接下来，将利用 ADS 软件进行建模与仿真分析。

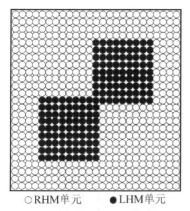

○RHM单元　●LHM单元

图 8-17　二维开腔谐振器传输线等效电路模型

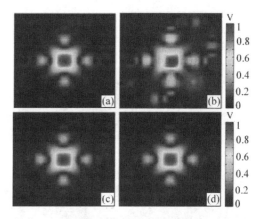

图 8-18　开腔谐振器传输线等效电路电压分布

(a) 无损耗情况；(b) $Q=10^3$；(c) $Q=10^4$；(d) $Q=10^5$

建模时，整个开腔谐振器的传输线等效电路模型包含 26×26 个单元结构。其中，每块正方形黑色圆点区域由 10×10 个 LHM 单元组成，其余的白色圆点区域均为 RHM 单元。在单元结构 (8, 8) 的中心节点和地之间连接 1A 的电流源作为激励源。图 8-18(a) 给出了集总元件无损耗时开腔谐振器 TL 等效电路的电压分布。由图可以清楚地看出，基于传输线等效电路设计的开腔谐振器能在两块黑色原点区域交界面处形成共振，并产生明显的电压聚焦现象。为了进一步探讨损耗对器件性能的影响，模拟了集

总元件品质因素为 $Q=10^3$、$Q=10^4$ 和 $Q=10^5$ 的情况，相应仿真结果显示在图 8-18(b) ～ (d)中。显而易见，即便集总元件的品质因素不高，开腔谐振器仍能正常工作。因此，在实际应用中，谐振器对材料损耗具有很好的鲁棒性。

8.3.2 器件原型

在 FR-4 基板上制作的开腔谐振器的实物原型[13]如图 8-19 所示，其中正上方圆形框内的插图是对具体 RHM 和 LHM 单元结构的放大显示。实验采用的集总元件值与理论值一致，即 $L_R = 47\,\mathrm{nH}$，$C_R = 82\,\mathrm{pF}$，$L_L = 124\,\mathrm{nH}$，$C_L = 216\,\mathrm{pF}$ 和 $Z_B = 24\Omega$。采用安捷伦 E8362B 矢量网络分析仪加入时谐激励信号进行节点电压测量。分析仪的端口 1 通过一个同轴探头实现点源激励，探头的外导体与地相连，探头的中心导体则连接到图 8-19 中的点 p 处。分析仪的端口 2 通过一个高阻抗探头实现电路节点电压的逐点扫描测量。

图 8-20 为 f=50MHz 时所提取到的电压分布。由图可见，在两块 LHM 区域交界面处出现了明显的电压聚焦现象。将图 8-20 与图 8-18 相比不难看出，实验结果与仿真结果吻合得很好，因此实验方案是合理可行的。细微的差别主要由焊接工艺引起。此外，经测试发现所设计的开腔谐振器对频率变化非常敏感，灵敏度极高，故其在高灵敏度传感领域将有应用前景。

图 8-19 开腔谐振器实物原型

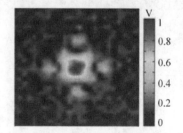

图 8-20 开腔谐振器实验结果

8.4 封闭式声斗篷

8.4.1 理论设计

基于声波方程与 Maxwell 方程的相似性，封闭式声斗篷为新型声学隐身开辟了新的途径。然而，受制于其非均匀各向异性的质量密度和体积模量分布，有关该斗篷的实验研究一直未取得实质性的突破。2011 年，美国伊利诺伊大学香槟分校的 Zhang 等[14]利用声学传输线等效电路实验证实了低损耗、宽频带的水下超声斗篷，并从此打开了声学斗篷物理实现的大门。一般地，圆柱坐标系下二维传输线方程可表示为

$$\frac{\partial V}{r\partial \theta} = -I_\theta Z_\theta \tag{8-26a}$$

$$\frac{\partial V}{\partial r} = -I_r Z_r \tag{8-26b}$$

$$\frac{1}{r}\frac{\partial (rI_r)}{\partial r} + \frac{1}{r}\frac{\partial I_\theta}{\partial \theta} = -VY \tag{8-26c}$$

式中，V 为电压，I_r 和 I_θ 分别表示径向电流和角向电流，Z_r 和 Z_θ 分别为径向阻抗和角向阻抗，Y 是导纳。由串联阻抗和并联导纳构成的传输线等效电路的基本单元结构如图 8-21 所示。

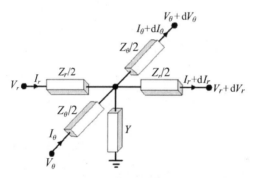

图 8-21　传输线等效电路基本单元结构[14]

非均匀各向异性声学传输线电路的等效构建模块如图 8-22(a) 所示[14]，模块中心大体积空腔当做并联声学电容，周边四个通道当做串联声学电感，与其对应的等效电路单元结构显示在图 8-22(b) 中。由图 8-22(b) 知，声波在图 8-22(a) 中所示的模块中传播时满足如下方程：

$$\frac{\partial P}{\partial r} = -\frac{\mathrm{j}\omega L_r S_r u_r}{\Delta r} \tag{8-27a}$$

$$\frac{\partial P}{r\partial \theta} = -\frac{\mathrm{j}\omega L_\theta S_\theta u_\theta}{r\Delta \theta} \tag{8-27b}$$

$$\frac{1}{r}\frac{\partial (rS_r u_r)}{\partial r} + \frac{1}{r}\frac{\partial (S_\theta u_\theta)}{\partial \theta} = -\frac{\mathrm{j}\omega CP}{\Delta r} \tag{8-27c}$$

式中，u_r 和 u_θ 分别为速度的径向和角向分量，$S_r = t_r w_r$ 和 $S_\theta = t_\theta w_\theta$ 是截面面积，L_r 和 L_θ 为声学阻抗，C 对应声学导纳，ω 为角频率。

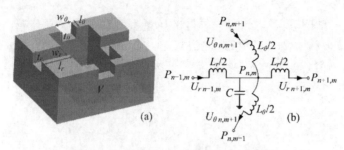

图 8-22　封闭式声斗篷模块示意图[14]

(a)非均匀各向异性声学传输线模块；(b)等效电路单元结构

将式(8-26)和式(8-27)进行比较，可以得到如下对应关系：

$$Z_r = \frac{\mathrm{j}\omega L_r S_r}{\Delta r}, \quad Z_\theta = \frac{\mathrm{j}\omega L_\theta S_\theta}{r\Delta\theta}, \quad Y = \frac{\mathrm{j}\omega C}{\Delta r S_\theta} \tag{8-28}$$

在圆柱坐标系下，Z_r、Z_θ、Y 与斗篷材料参数的关系为

$$\frac{Z_r}{Z_0} = \frac{r'}{r'-a}, \quad \frac{Z_\theta}{Z_0} = \frac{r'-a}{r'}, \quad \frac{Y_\theta}{Y_0} = \left(\frac{b}{b-a}\right)^2 \frac{r'-a}{r'} \tag{8-29}$$

式中，Z_0 和 Y_0 分别为背景媒质的阻抗和导纳。事实上，只要 $Z_r Y$ 和 $Z_\theta Y$ 的乘积保持不变，所提取到等效电路的电压分布就不会发生变化。为了便于实现，Zhang 等将式(8-29)进一步简化为

$$\frac{Z_r}{Z_0} = 0.5, \quad \frac{Z_\theta}{Z_0} = 0.5\left(\frac{r'-a}{r'}\right)^2, \quad \frac{Y_\theta}{Y_0} = 2\left(\frac{b}{b-a}\right)^2 \tag{8-30}$$

将式(8-30)代入式(8-28)，则实现声斗篷所需等效电路单元结构中的串联电感和并联电容满足：

$$L_r = \rho_w \frac{\Delta r}{2S_r}, \quad L_\theta = \rho_w \frac{r\Delta\theta}{2S_\theta}\left(\frac{r'-a}{r'}\right)^2, \quad C = 2\Delta r S_\theta \beta_w \left(\frac{b}{b-a}\right)^2 \tag{8-31}$$

根据声学电感和电容的定义，有

$$L_r = \rho_w \frac{l_r}{S_r}, \quad L_\theta = \rho_w \frac{l_\theta}{S_\theta}, \quad C = \frac{V}{\rho_w c_w^2} \tag{8-32}$$

式中，ρ_w 是水的密度，c_w 是水中的声速，l_r 和 l_θ 分别为通道沿径向和角向的长度，V 是大空腔的体积。将式(8-32)代入式(8-31)，则有

$$\frac{l_r}{\Delta r} = 0.5, \quad \frac{l_\theta}{r\Delta\theta} = 0.5\left(\frac{r'-a}{r'}\right)^2, \quad \frac{V}{\Delta r S_\theta} = 2\left(\frac{b}{b-a}\right)^2 \tag{8-33}$$

这意味着，材料参数随着空间位置变动的传输线声斗篷可以通过调整模块的几何尺寸

来等效实现。图 8-23(a)是利用 COMSOL 有限元软件计算得到的声斗篷附近的声场分布，斗篷由 16 层均匀各向异性的同心层状结构组成。图 8-23(b)是利用 SPICE 软件模拟得到的传输线声斗篷周边的电压分布。由图可以清楚地看出，声场分布与电压分布重叠得很好。另外，由于完美匹配层的吸收效果优于 Bloch 阻抗。因此，与图 8-23(a)相比，图 8-23(b)中的电压波有轻微的抖动[14]。

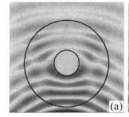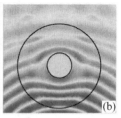

图 8-23　层状声斗篷与传输线声斗篷的特性比较[14]

(a)层状声斗篷附近的声场分布；
(b)传输线声斗篷附近的电压分布

8.4.2　器件原型

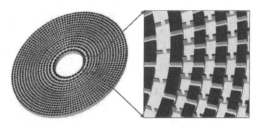

图 8-24　封闭式声斗篷实物原型[14]

封闭式声斗篷采用具有特定几何尺寸的模块构建而成，其实物原型如图 8-24 所示。该斗篷的声学特性与直接用传输线等效电路基本单元结构实现的声斗篷相同，斗篷的内、外半径分别为 13.5mm 和 54.1mm。首先将斗篷从内到外沿径向分成 16 层，然后再将每 1 层沿角向分成 N 等份。为了使模块的径向尺寸小于波长的十分之一，将第 1 层、第 2 层至第 5 层、第 6 层至第 16 层分别沿径向分成 32、64 和 128 等份。每一层中与模块 l_r、l_θ 和 V 有关的几何参数如表 8-1 所示，而 t_r、w_r、t_θ、w_θ 均为 0.5mm。

表 8-1　等效构建模块几何参数[14]

层数	l_r /mm	l_θ /mm	V/mm³	层数	l_r /mm	l_θ /mm	V/mm³
1	2.05	0.10	3.00	9	1.24	0.41	2.06
2	1.54	0.13	2.43	10	1.24	0.46	2.06
3	1.37	0.22	2.29	11	1.24	0.52	2.06
4	1.24	0.31	2.18	12	1.24	0.57	2.06
5	1.24	0.41	2.06	13	1.24	0.63	2.06
6	1.24	0.25	2.06	14	1.24	0.69	2.06
7	1.24	0.30	2.06	15	1.24	0.74	2.06
8	1.24	0.36	2.06	16	1.24	N/A	N/A

图 8-25(a)～(c)分别描述了频率为 60kHz、52kHz 和 64kHz 时金属圆柱体周边的声场分布。图 8-25(d)～(f)是相应有斗篷时的实验测量结果。由图可以看出，在 60~64kHz 的频率范围内，没有声斗篷的情况下金属圆柱体附近的场分布出现了明显的散射和阴影，而有声斗篷的情况下圆柱体能得到很好地隐藏。

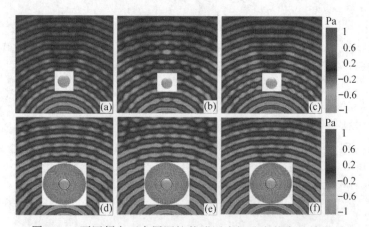

图 8-25　不同频率下金属圆柱体附近声场分布的实验结果

(a) f=60KHz；(b) f=52KHz；(c) f=64KHz；(d)～(f)是与(a)～(c)相对应的有斗篷时的声场分布

8.5　封闭式热斗篷

8.5.1　理论设计

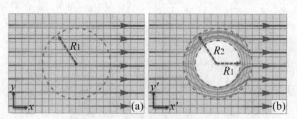

图 8-26　圆柱形封闭式热斗篷坐标变换示意图[15]

(a)虚拟空间；(b)物理空间

圆柱形封闭式热斗篷的坐标变换示意图如图 8-26 所示。其中图 8-26(a)和(b)分别表示虚拟空间和物理空间。2012 年，Guenneau 等基于热力学方程的形式不变性导出了实现该斗篷所需材料热力学参数的表达式，具体如下[16]：

$$\kappa'_r = \frac{r' - R_1}{r'} \kappa，\quad \kappa'_\theta = \frac{r'}{r' - R_1} \kappa，\quad \rho'C' = \left(\frac{R_2}{R_2 - R_1} \right)^2 \frac{r' - R_1}{r'} \rho C \tag{8-34}$$

式中，κ、ρ 和 C 分别表示虚拟空间的热导率、密度和热容。显然，材料参数各分量都是半径 r' 的函数，其实现异常困难。为了降低构造复杂度，Guenneau 等将式(8-34)进一步简化为

$$\kappa'_r = \left(\frac{R_2}{R_2 - R_1}\right)^2 \left(\frac{r' - R_1}{r'}\right)^2 \kappa, \quad \kappa'_\theta = \left(\frac{R_2}{R_2 - R_1}\right)^2 \kappa, \quad \rho'C' = \rho C \tag{8-35}$$

并在此基础上探讨了斗篷的同心层状结构实现方法。受此思想的启发，德国卡尔斯鲁厄理工学院的 Schittny 等用热导率分别为 $\kappa_1 = 0.15$，$\kappa_2 = 394$，$\kappa_3 = 2.91$，$\kappa_4 = 390$，$\kappa_5 = 11.26$，$\kappa_6 = 382.7$，$\kappa_7 = 19.02$，$\kappa_8 = 375$，$\kappa_9 = 26.38$ 和 $\kappa_{10} = 367.6$ 的 10 层同心层状结构模拟了热斗篷的隐热效果，并通过在铜板上钻孔并填充聚二甲硅氧烷首次实验制备了非稳态热斗篷[17]。图 8-27(a)～(d) 和图 8-27(e)～(h) 分别描述了不同时刻层状热斗篷和隔热环附近温度场分布的仿真结果。图中实线表示等温线。隔热环通过在铜柱表面覆盖上一薄层聚二甲硅氧烷来实现。由图不难发现，随着时间的推移，热量自发地从高温区向低温区扩散，但热斗篷隐身域内的温度一直比周边区域低，且斗篷右侧等温线分布是平直的。因此，该斗篷不仅能使放置于内的微电子器件及芯片等免于过热，而且其对外界好像根本就不存在。尽管隔热环也能实现类似于斗篷的隐热效果，但从其右侧扭曲的等温线分布可以判断出该环严重影响了热流扩散，并对外界可见。

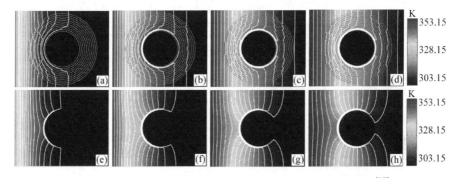

图 8-27　不同时刻层状热斗篷附近温度场分布的仿真结果[17]

(a) $t = 30$s ；(b) $t = 60$s ；(c) $t = 90$s ；(d) $t = 120$s ；(e)～(h) 是与 (a)～(d) 相对应的隔热环附近
温度场分布的仿真结果

8.5.2　器件原型

图 8-28(a) 给出了热斗篷的实物原型，图中孔状区域为聚二甲硅氧烷，其他区域为铜。对于聚二甲硅氧烷，$\kappa_{PDMS} = 394\,W/(K \cdot m)$，$\rho_{PDMS}C_{PDMS} = 1.4\,MJ/(K \cdot m^3)$；对于铜，$\kappa_{Cu} = 394\,W/(K \cdot m)$，$\rho_{Cu}C_{Cu} = 3.4\,MJ/(K \cdot m^3)$。第 i 层圆环中铜的填充比例 f_i 可根据有效媒质公式 $\kappa_i = f_i \kappa_{Cu} + (1 - f_i)\kappa_{PDMS}$ 求得。图 8-26(b) 描述了热斗篷的实验过程。首先，在左侧和右侧容器中分别加入热水和常温水，并将斗篷的两端插入容器中，然后再用红外相机实时观测热流扩散过程。所得到的实验结果如图 8-26 所示。将图 8-29 与图 8-27 进行比较不难发现，不同时刻的仿真结果与实验结果吻合得很好。

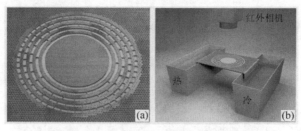

图 8-28　热斗篷实物原型及实验过程[17]

(a)热斗篷实物原型；(b)实验过程

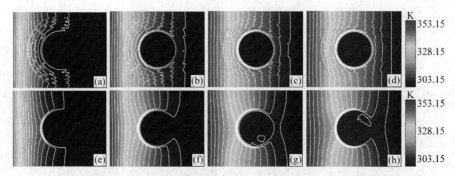

图 8-29　不同时刻层状热斗篷附近温度场分布的实验结果[17]

(a) $t = 30s$ ； (b) $t = 60s$ ； (c) $t = 90s$ ； (d) $t = 120s$ ； (e)～(h)是与(a)～(d)相对应的
隔热环附近温度场分布的实验结果

参 考 文 献

[1]　Pendry J B, Schurig D, Smith D R. Controlling electromagnetic fields [J]. Science, 2006, 312(5781): 1780-1782.

[2]　Cummer S A, Popa B I, Schurig D, et al. Full-wave simulations of electromagnetic cloaking structures [J]. Phys. Rev. E, 2006, 74: 036621.

[3]　Schurig D, Mock J J, Justice B J, et al. Metamaterial electromagnetic cloak at microwave frequencies [J]. Science, 2006, 314(5801): 977-980.

[4]　Grbic A, Eleftheriades G V. Periodic analysis of a 2-D negative refractive index transmission line structure [J]. IEEE Trans. Antennas Propag., 2003, 51(10): 2604-2611.

[5]　Liu X, Li C, Yao K, et al. Invisibility cloaks modeled by anisotropic metamaterials based on inductor-capacitor networks [J]. IEEE Antennas Wirel. Propag. Lett., 2009, 8: 1154-1157.

[6]　Liu X, Li C, Yao K, et al. Experimental verification of broadband invisibility using a cloak based on inductor-capacitor networks [J]. Appl. Phys. Lett., 2009, 95(19): 191107.

[7]　Li C, Liu X, Li F. Experimental observation of invisibility to a broadband electromagnetic pulse by a cloak using transformation media based on inductor-capacitor networks [J]. Phys. Rev. B, 2010, 81: 115133.

[8]　Notomi M. Theory of light propagation in strongly modulated photonic crystals: Refractionlike behavior in the vicinity of the photonic band gap [J]. Phys. Rev. B, 2000, 62: 10696.

[9]　He S L, Jin Y, Ruan Z C, et al. On subwavelength and open resonators involving metamaterials of negative refraction index [J]. New J. Phys., 2005, 7: 210.

[10]　Smith D R, Padilla W J, Vier D C, et al. Composite medium with simultaneously negative permeability and permittivity [J]. Phys. Rev. Lett., 2000, 84 (18): 4184-4187.

[11]　Shelby R A, Smith D R, Schultz S. Experimental verification of a negative index of refraction [J]. Science, 2001, 292 (5514): 77-79.

[12]　李芳, 李超. 微波异向介质平面电路实现及应用[M]. 北京: 电子工业出版社, 2011.

[13]　Yang J J, Huang M, Mao F C, et al. Experimental verification of a metamaterial open resonator [J]. Europhys. Lett.,2012, 97: 37008.

[14]　Zhang S, Xia C G, Fang N. Broadband acoustic cloak for ultrasound waves [J]. Phys. Rev. Lett., 2011, 106: 024301.

[15]　Ma Y G, Lan L, Jiang W, et al. A transient thermal cloak experimentally realized through a rescaled diffusion equation with anisotropic thermal diffusivity [J]. NPG Asia Materials, 2013, 5: e73.

[16]　Guenneau S, Amra C, Veynante D.Transformation thermodynamics: Cloaking and concentrating heat flux [J]. Opt. Express, 2012, 20 (7): 8207-8218.

[17]　Schittny R,Kadic M,Guenneau S,et al. Experiments on transformation thermodynamics: Molding the flow of heat [J]. Phys. Rev. Lett., 2013, 110: 195901.

云南大学无线创新实验室简介

    云南大学无线创新实验室(http://www.winlab.ynu.edu.cn)是云南大学与云南省无线电监测中心联合共建成立的。

    近年来,依托云南大学无线创新实验室和信息学院等单位,先后申报成立了"昆明市谱传感与无线电监测重点实验室"(云南大学第一个昆明市重点实验室)和"云南省高校谱传感与边疆无线电安全重点实验室";与天津大学合作建立了"云南省叶声华院士工作站"(云南 IT 领域第一个院士工作站)。以这些条件平台为基础,在云南大学怀周楼建立了国内高校第一个多功能的无线电公共安全预警监测站,该监测站是国家和云南省无线电监测网的重要组成部分,担负着频谱资源管理、云南大学及周边区域的无线电公共安全和各类考试保障任务。同时,该监测站也是上述科研平台的建设内容之一,是云南大学无线创新实验室在边疆无线电安全领域进行理论和技术创新的重要场所,也是云南大学承担社会责任、服务地方经济建设和社会发展的体现。监测站的建设使云南大学翠湖校区的无线电安全保障技术和设施居国内高校领先水平。

    云南大学无线创新实验室以"信息与通信工程一级学科博士学位授权点"和"博士后科研流动站"为支撑(云南 IT 领域第一个博士点和博士后流动站),依托云南大学信息学院等单位建设。实验室主要从事谱传感、无线电监测、无线通信信号处理、网络通信、超材料与微波技术应用的研究,是一个集学术研究、人才培养、技术咨询、产品开发和系统集成于一体的学术团队。实验室拥有省级学术带头人 3 人、云南省有突出贡献优秀专业技术人员和省委联系专家 1 人。近年来,实验室发表了 SCI 刊源论文 100 余篇,其中一篇得到了 *Nature China* 的摘要和评述;实验室成员参与申报的项目获得国家技术发明二等奖、主持申报的项目先后获得云南省自然科学二等奖 1 项、

科技进步奖 3 项;实验室成员承担了多项国家自然科学基金和省部级科研项目,其中,实验室博士后(云南 IT 领域第一个自主培养的博士后)获得了"中国博士后基金第 53 批面上项目"和"中国博士后基金第七批特别资助"(云南大学史上第七个获得特别资助者)。实验室与国内外学者有着广泛的合作和学术交流,2014 年,伦敦帝国理工大学 Blackett Lab.的 Yan Francescato 博士来实验室访问,并在 *ACS Photonics*、*Optics Express* 杂志上合作发表了多篇研究论文。